网络综合布线

李金清　潘云燕　主编

北京工业大学出版社

图书在版编目（CIP）数据

网络综合布线 / 李金清，潘云燕主编. — 北京：北京工业大学出版社，2018.12（2021.5 重印）
ISBN 978-7-5639-6731-5

Ⅰ. ①网… Ⅱ. ①李… ②潘… Ⅲ. ①计算机网络—布线 Ⅳ. ① TP393.03

中国版本图书馆 CIP 数据核字（2019）第 024562 号

网络综合布线

主　　编：	李金清　潘云燕
责任编辑：	张　娇
封面设计：	点墨轩阁
出版发行：	北京工业大学出版社
	（北京市朝阳区平乐园 100 号　邮编：100124）
	010-67391722（传真）　bgdcbs@sina.com
出 版 人：	郝　勇
经销单位：	全国各地新华书店
承印单位：	三河市明华印务有限公司
开　　本：	787 毫米 ×1092 毫米　1/16
印　　张：	14.25
字　　数：	285 千字
版　　次：	2018 年 12 月第 1 版
印　　次：	2021 年 5 月第 2 次印刷
标准书号：	ISBN 978-7-5639-6731-5
定　　价：	59.80 元

版权所有　翻印必究

（如发现印装质量问题，请寄本社发行部调换 010-67391106）

前 言

随着全球计算机技术、现代通信技术的迅速发展，人们对信息的需求也越来越强烈。这就导致具有楼宇自动化（Building Automatization，BA）、通信自动化（Communication Automatization，CA）、办公自动化（Office Automatization，OA）等功能的智能建筑在世界范围蓬勃兴起。综合布线系统正是智能建筑内部各系统之间、内部系统与外界进行信息交换的硬件基础。综合布线系统（Premises Ditribution System，PDS）是现代化大楼内部的"信息高速公路"，是"信息高速公路"在现代化大楼内的延伸。

近年来，我国的计算机网络无论从数量上还是从规模上都有了飞速发展。从事计算机网络系统集成的广大工程技术人员迫切需要一套面向网络项目开发、网络方案设计、工程施工、应用基础平台集成等一系列解决方案的系统性专业资料。

综合布线工程是一门跨应用、跨专业的系统工程，主要涵盖楼宇机电工程（电力、空调、消防、监控等）、通信办公自动化工程（电话、传真、视频传输等）和计算机信息网络工程。但无论从习惯上还是事实上，对于国内的网络系统集成商来说，所谓的综合布线，主要针对最后一种，即网络综合布线系统。本书介绍和讨论的范围也仅限于此。

本文针对网络综合布线工程安装施工和组网实施阶段的主要技术展开讨论。本文重点阐述了如何根据网络总体方案来设计和实施网络综合布线系统，内容包括网络综合布线技术背景知识、通信介质与布线组件、综合布线系统设计、施工、测试等过程的技术细节及案例。目的在于帮助读者了解、学习和掌握当前主流的网络综合布线技术和组网技术，更好地指导读者实施网络施工工程。

编 者
2018 年 10 月

目 录

模块 1　开启网络综合布线之门 ·· 1
　1.1　任务的引入与分析 ··· 1
　1.2　结构化综合布线 ··· 2
　1.3　布线工程六项工作 ·· 10

模块 2　网络综合布线系统工程设计 ·· 13
　2.1　任务的引入与分析 ·· 13
　2.2　网络综合布线系统工程设计 ·· 14
　2.3　工程设计案例 ·· 25

模块 3　通信介质与布线组件 ··· 37
　3.1　任务的引入与分析 ·· 37
　3.2　通信介质 ·· 38
　3.3　布线组件 ·· 44
　3.4　任务实施案例 ·· 46

模块 4　网络综合布线工程施工 ·· 49
　4.1　任务的引入与分析 ·· 49
　4.2　网络综合布线工程施工要点 ·· 49
　4.3　网络综合布线工程施工前的准备 ····································· 53
　4.4　网络综合布线工程施工过程中应注意的问题 ······················· 59
　4.5　网络综合布线工程收尾工作 ·· 61

模块 5　光缆布线施工技术 ··· 63
　5.1　任务的引入与分析 ·· 63
　5.2　光缆施工的基础知识 ··· 64
　5.3　光缆的布线施工 ·· 68
　5.4　光纤连接安装技术 ·· 76

模块 6　电源、接地与机房环境 ·· 81
　6.1　任务的引入与分析 ·· 81
　6.2　电　　源 ·· 82
　6.3　接　　地 ·· 84
　6.4　机房环境 ·· 86

模块 7　网络综合布线系统的测试与故障修复 ····················· 93
　7.1　任务的引入与分析 ·· 93
　7.2　国际标准和国内标准 ··· 93
　7.3　电缆传输系统的测试 ·· 101
　7.4　光缆传输通道的测试 ·· 109
　7.5　网络综合布线测试报告样例、通用测试报告单、通用光缆测试
　　　报告单 ·· 113

模块 8　网络综合布线系统设计实例 ································· 115
　8.1　任务的引入与分析 ··· 115
　8.2　网络综合布线工程项目建议书样例 ····························· 115
　8.3　网络综合布线施工图设计 ·· 117
　8.4　某企业信息网综合布线系统设计方案 ························· 120
　8.5　网络综合布线设计实例一：某小区网络布线系统方案 ······· 126
　8.6　网络综合布线设计实例二：某大楼综合布线系统的应用案例 ····· 131

模块 9　智能楼宇布线 ·· 139
　9.1　任务的引入与分析 ··· 139
　9.2　认识水平和垂直子系统的布线方法 ····························· 140
　9.3　线槽和桥架的加工与敷设 ·· 149
　9.4　垂直子系统的线缆敷设 ·· 154
　9.5　机柜及柜内设备的安装 ·· 158
　9.6　配线架的端接 ·· 166
　9.7　双绞线布线系统的测试 ·· 172
　9.8　双绞线布线系统的故障诊断与修复 ····························· 181
　9.9　弱电系统之门禁、对讲、视频监控系统 ························ 193
　9.10　智能楼宇布线的综合技能训练 ·································· 212

参考文献 ·· 221

模块 1　开启网络综合布线之门

1.1　任务的引入与分析

一、任务引入

某信息学院为实现教学现代化、提高管理水平，拟组建自己的校园网，并接入互联网。该建设项目要把校园网的各信息点及主要网络设备，用标准的传输介质和模块化的系统结构，构成一个完整的信息化教学与管理综合布线系统，以此连接各办公室教室、图书馆机房及信息中心，形成分布式、开放式的网络环境。

该学院有主要建筑四幢，其中，第 1 号楼是多媒体教室用楼，共 4 层，有多媒体教室 60 间，计划信息点 100 个。第 2 号楼是信息中心楼，共 5 层，包括网管中心、图书馆、网络实训中心、动漫制作中心以及 12 个常用机房，计划信息点 200 个（注：信息中心楼的布线工程是本案例教程要重点介绍的内容）。第 3 号楼是办公楼，共 4 层，包括办公室、会议室和报告厅，计划信息点 160 个。第 4 号楼是教学主楼，共 11 层，包括多媒体教室、普通教室和教师办公室，计划信息点 300 个。

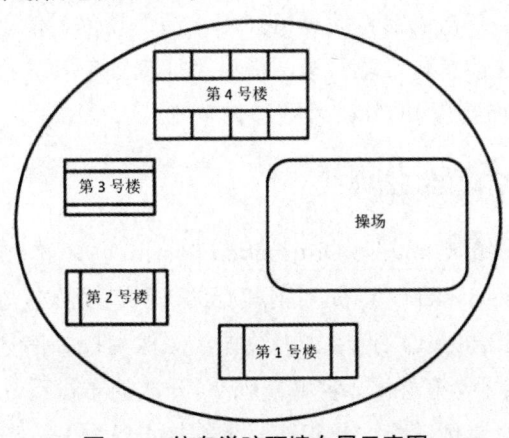

图 1-1　信息学院环境布局示意图

任务具体内容：

①信息中心（2号楼）：5层主控机房网络布线工程（强电、弱电布线、抗静电地板接地、改造、机房隔断建设、原布线线缆整理）。

②1号楼与2号楼主机房光纤连接铺设。

二、任务分析

根据学院环境布局，经过实地测量，本工程楼间距均在300m之内。因此，任务目标容易制定，施工范围也好安排，具体如下：

（一）任务目标

①支持高速率数据传输，能传输数字、多媒体、视频音频信息，满足学院日常办公、对外交流、教学过程和教务管理需要；

②符合EIA/TIA-568-A、EIA/TIA-568-B、ISO/IEO11801国际标准；

③所有接插件都采用模块化的标准件，以便于不同厂家设备的兼容；

④实现校园内1000Mbit/s主干网连接到各100Mbit/s局域网；

⑤通过中国网通和中国教育网联入互联网（Internet）；

⑥根据实际工作需要，网络应能具有可扩充和升级能力。

（二）施工范围

①本工程楼间采用光纤连接；

②2号楼（网管中心所在位置为一级节点）层间也采用光纤连接，它是本次工程的建设重点；其余楼内及其他各二、三级节点处采用双绞线布线。

1.2　结构化综合布线

现代建筑物，常常需要将计算机技术、通信技术、信息技术和办公环境集成在一起，实现信息和资源共享，提供迅捷的通信和完善的安全保障，这就是智能大厦，而这一切的基础就是综合布线。

一、什么是结构化综合布线

综合布线系统（Premise Distribution System）又称结构化布线系统（Structure Cabling System），是目前流行的一种新型布线方式，它采用标准化部件和模块化组合方式，把语音、数据、图像和控制信号用统一的传输媒体进行综合，形成了一套标准、实用、灵活、开放的布线系统。它既能使语音、数据、影像与其他信息系统彼此相连，也支持会议电视、监视电视等系统及多种计算机数据系统。

结构化综合布线系统解决了常规布线系统无法解决的问题，常规布线系统中的电话系统、保安监视系统、电视接收系统、消防报警系统、计算机网络系统等，各系统互不相连。每个系统的终端插接件亦不相同，所以当这些系统中的某一项需要改变时，将极其困难，甚至要付出很高的代价。相比之下，综合布线系统采用模块化插接件，垂直水平方向的线路一经布置，只需改变接线间的跳线，就可改变交换机，增加接线间的接线模块，满足用户对这些系统的扩展和移动需求。

二、综合布线系统组成

综合布线系统采用标准化部件和模块化组合方式，主要由6个独立子系统（模块）组成。

①工作区子系统，它由终端设备连接到信息插座之间的设备组成。包括信息插座、插座盒、连接跳线和适配器等。

②水平子系统，由工作区用的信息插座，楼层分配线设备至信息插座的水平电缆、楼层配线设备和跳线等组成，实现信息插座和管理间子系统（配线架）间的连接，一般处在同一楼层。

③管理间子系统，设置在楼层分配线设备的房间内。管理间为连接其他子系统提供手段，它是连接垂直干线子系统和各楼层水平干线子系统的设备，其主要设备是配线架、色标规则、HUB、机柜和电源。

④垂直子系统，通常由主设备间（如计算机房、程控交换机房）提供建筑中最重要的铜线或光纤主干线路，将主配线架与各楼层配线架系统连接起来，是整个大楼的信息枢纽。它一般提供位于不同楼层的设备间和布线框间的多条连接路径，也可连接单层楼的大片地区。

⑤设备间子系统，设备间是在每一幢大楼的适当地点设置进线设备，进行网络管理以及管理人员值班的场所。设备间子系统将各种公共设备（如计算机主机、数字程控交换机、各种控制系统、网络互联设备）等与主配线架连接起来。

⑥建筑群接入子系统，是将一栋建筑的线缆延伸到建筑群内的其他建筑的通信设备和设施。它包括铜线、光纤以及防止其他建筑的电缆的浪涌电压进入本建筑的保护设备，实现室外连接。

三、综合布线的发展过程与前景

综合布线的发展与建筑物自动化系统密切相关。1984年，世界上第一座智能大厦建成；1985年初，计算机工业协会（CCIA）提出对大楼布线系统标准化的倡议；1991年7月，ANSI/TIA/EIA-568即《商业建筑通信布线系统标准》问世，同时，与布线通道及空间、管理、电缆性能及连接硬件性能等有关的相关标准也同时推出；1995年底，ANSI/TIA/EIA-568标准正式更新为ANSI/TIA/EIA-568-A；国际标准化组织（ISO）推出相应标准ISO/IEC11801；1997年TIA出台6类布线系统草案，同期，基于光纤的千兆网标准推出。1999年至今，TIA又陆续推出了6类布线系统正式标准，ISO推出7类布线标准。

综合布线的市场发展很快，从最快的3类、5类，到超5类、6类，甚至到光纤。从技术上看，综合布线正向高带宽、高速度方向发展。随着网络应用的深入，传统大厦布线市场也发生了变化，除了智能大厦这种标准的综合布线的地方外，一些以前并未考虑综合布线的地方（如住宅、中小办公室等）都已经成为布线系统的用户群。但不同的用户群，对综合布线有不同的要求。因此，同样的布线系统，在不同应用市场上应该有所区别，以适应特定的用户需求。现在当我们谈论布线时，它不再是一种可有可无的系统，而应是数据通信系统的一个必需的组成部分。在选择一个面向新世纪的布线系统时，应该预计到未来网络应用的发展，以双绞线和新型多模光缆甚至单模光缆为基础的布线系统，将会使网络延伸到更远的地方。

四、综合布线的特点

综合布线同传统的布线相比较，有着许多优越性，是传统布线所无法相比的，其特点主要表现在它具有兼容性、开放性、灵活性、可靠性、先进性和经济性，而且在设计、施工和维护方面也给人们带来了许多方便。

1. 兼容性

综合布线的首要特点是兼容性。所谓兼容性就是它自身是完全独立的，与应用系统相对无关，可以适用于多种应用系统。

过去，为一幢大楼或一个建筑群内的语音或数据线路布线时，往往采用不同厂家生产的电缆线、配线、插座以及接头等。例如，用户交换机通常采用双绞线，计算机系统通常采用粗同轴电缆或细同轴电缆。不同的设备使用不同的配线材料，而连接这些不同配线的插头、插座及端子板也各不相同，彼此互不兼容。一旦需要改变终端综合布线将语音、数据与监控设备的信号线经过统一的规划和设计，采用相同的传输媒体、信息插座、交连设备、适配器等，把这些不同信号综合到一套标准的布线中。由此可见，这种布线比传统布线大为简化，可节约大量的物资、时间和空间。

在使用时，用户可不用定义某个工作区的信息插座的具体应用，只把某种终端设备（如个人计算机、电话、视频设备等）插入这个信息插座，然后在管理间和设备间的交接设备上做相应的接线操作，这个终端设备就被接入到各自的系统中了。

2. 开放性

对于传统的布线方式，只要用户选定了某种设备，也就选定了与之相适应的布线方式和传输媒体。如果更换另一设备，那么原来的布线就要全部更换。对于一个已经完工的建筑物，这种变化是十分困难的，要增加很多投资。

综合布线由于采用开放式体系结构，符合多种国际上现行的标准。因此它几乎对所有著名厂商的产品都是开放的，如计算机设备、交换机设备等，并对所有通信协议也是支持的，如 ISO/IEC8802-3、ISO/IEC8802-5 等。

灵活性传统的布线方式是封闭的，其体系结构是固定的，若要迁移设备或增加设备是相当困难而麻烦的，甚至是不可能的。

综合布线采用标准的传输线缆和相关链接硬件进行模块化设计。因此所有通道都是通用的。每条通道可支持终端以太网工作站及令牌环网工作站。所有设备的开通及更改均不需要改变布线，只需增减相应的应用设备以及在配线架上进行必要的跳线管理即可。另外，组网也可灵活多样甚至在同一房间可有多用户终端，以太网工作站、令牌环网工作站并存，为用户组织信息流提供了必要条件。

3. 可靠性

传统的布线方式由于各个应用系统互不兼容，因而在一个建筑物中往往要有多种布线方案。因此建筑系统的可靠性要由所选用的布线可靠性来保证，当各应用系统布线不当时，还会造成交叉干扰。

综合布线采用高品质的材料和组合压接的方式构成一套高标准的信息传输通道。所有线槽和相关链接件均通过 ISO 认证，每条通道都要采用专用仪器测试链路阻抗及衰减率，以保证其电气性能。应用系统布线全部采用点到点端接，任何一条链路故障均不影响其他链路的运行，这就为链路的运行维护及故障检修提供了方便，从而保障了应用系统的可靠运行。各应用系统往往采用相同的传输媒体，因而可互为备用，提高了备用冗余。

4. 先进性

综合布线通常采用光纤与双绞线混合布线方式，极为合理地构成一套完整的布线。

所有布线均采用世界上最新通信标准，链路均按 8 芯双绞线配置。5 类双绞线带宽可达 100MHz，6 类双绞线带宽可达 200MHz。对于特殊用户的需求可把光纤引到桌面，为同时传输多路实时多媒体信息提供足够的带宽容量。

5. 经济性

综合布线不仅从技术与灵活性上解决了各种信息综合通信问题，而且从经济性看其性能价格比也是非常高的。

从投资方面讲，初期投资结构化综合布线要比传统布线高，但从远期投资角度分析，考虑到今后的发展，增加一些费用，势必会减少将来的运行费用和变更费用。据美国一家调查公司对 400 家大公司的 400 幢办公大楼在 40 年内各项费用的比例情况的统计结果表明，初期投资（即结构费用）只占 11%，而运行费用占 50%，变更费用占 25%。由此可见在初期投资阶段，采用综合布线系统是明智之举。

从技术与灵活性方面讲，结构化标准综合布线就更加具有优势，主要表现在：

采用标准的综合布线后，只需将电话或终端插入墙壁上的标准插座，然后在同层的跳线架做相应跳接线操作，就可解决用户的需求。

当需要把设备从一个房间搬到另一层的房间时，或者在一个房间中增加其他新设备时，同样只要在原电话插口做简单的分线处理，然后在同层配线间和总设备间做跳线操作，很快就可以实现这些新增加的需求，而不需要重新布线。

如果采用光纤、超 5 类或 6 类线缆混合的综合布线方式，可以解决三维多媒体的传输和用户的需求，可以实现与全球信息高速公路的接轨。

五、综合布线系统标准

综合布线系统自问世以来已经历了近 20 年的历史，这期间，随着信息技术的发展，布线技术也在不断变化，与之相适应的布线系统相关标准也在不断推陈出新，各国际标准化组织都在努力制定更新的标准以满足技术和市场的需求。有了标准，就有了依据，对于综合布线产品的设计、制造、安装和维护具有十分重要的作用。

1. 国际标准

综合布线标准基本上都是由具有相当影响力的国际或大国标准组织制定的，如美国通信工业协会/电子工业协会（TIA/EIA）、国际标准化组织/国际电工委员会（ISO/IEC）、欧洲标准化委员会（CENELEC）、电子电气工程师协会（IEEE）等，其他各国基本上是等效采用相关的国际标准的。

综合布线主要参考以下几个标准体系。

（1）美洲标准

美国电子工业协会、美国电信工业协会的 EIA/TIA 为综合布线系统制定的一系列标准。这些标准主要有下列几种：

① ANSI/TIA/EIA-568：《商业建筑通信布线系统标准》；

② ANSI/TIA/EIA-569：《商业建筑电信通道及空间标准》；

③ ANSI/TIA/EIA-606：《商业建筑物电信基础结构管理标准》；

④ ANSI/TIA/EIA-607：《商业建筑物接地和接线规范标准》。

（2）ISO 标准

国际标准化组织/国际电工委员会针对综合布线系统在抗干扰、防噪、防火、防毒等关键技术方面颁布的标准。

① ISO/IEC11801：《国际建筑通用布线》。

② IEEE802（802.1～802.11）：《局域网布线标准》。

（3）欧洲标准

欧洲标准化委员会（CENELEC）颁布的标准，该标准与 ISO/IEC11801 标准是一致的，它比 ISO/IEC11801 严格。

EN50173：《信息技术——综合布线系统》。

2. 国内标准

中国国内的综合布线标准基本上都是参照国际标准组织由国内有关协会、行业和国家制定的，主要是针对我国国情和习惯做法所做的规定。

（1）国家标准

由中华人民共和国原信息产业部起草、由中华人民共和国原建设部批准的国家标准，于 2000 年 8 月 1 日开始执行。该标准适用于新建、扩建、改建建筑与建筑群的综合布线系统工程设计。其主要的对象为大楼办公自动化（OA）、通信自动化（CA）、楼宇自动化（BA）工程。现行国家标准包括以下 3 部分：

①《综合布线系统工程设计规范》（GB/T50311—2016）；

②《综合布线系统工程验收规范》（GB/T50312—2016）；

③《智能建筑设计标准》（GB50314—2015）。

（2）行业标准

2001 年 10 月 19 日，我国原信息产业部发布了中华人民共和国通信行业标准《大楼通信综合布线系统》（YD/T926—2001），该标准是通信行业标准，对接入公用网的通信综合布线系统提出了基本要求，并于 2001 年 11 月 1 日起正式实施，符合 YD/T926 标准的综合布线系统也符合国际标准化组织/国际电工委员会标准 ISO/IEC11801—1999。现行行业标准包括以下 3 部分：

①《大楼通信综合布线系统》（YD/T926.1—2009 总规范）；

②《大楼通信综合布线系统》（YD/T926.2—2009 综合布线用电缆、光缆技术要求）；

③《大楼通信综合布线系统》（YD/T926.3—2009 综合布线用连接硬件技术要求）。

（3）协会标准

中国工程建设标准化协会分别于 1995 年和 1997 年颁布了两个关于综合布线系统的设计规范标准，该标准积极采用国际先进经验，与国际标准接轨，这两个标准是：《建筑与建筑群综合布线系统工程设计规范》（CECS72：95）、《建筑与建筑群综合布线系统工程设计规范》（CECS72：97）和《建筑与建筑群综合布线系统工程施工及验收规范》（CECS89：97）。

3. 标准要点

（1）目的

①规范一个通用语音和数据传输的电信布线标准，以支持多设备、多用户的环境。

②为服务于商业的电信设备和布线产品的设计提供方向。

③能够对商用建筑中的结构化布线进行规划和安装，使之能够满足用户的多种需求。

④为各种类型的线缆、连接件以及布线系统的设计和安装建立性能和技术标准。

（2）范围

标准针对的是"商业办公"电信系统。

布线系统的使用寿命要求在 10 年以上。

（3）内容

标准的内容包括所用介质、拓扑结构、布线距离用户接口、线缆规格、连接件性能、安装程序等。

（4）涉及的范畴

①水平干线布线系统：涉及水平跳线架、水平线缆、线缆出入口/连接器、转换点等。

②垂直干线布线系统：涉及主跳线架、中间跳线架、建筑外主干线缆、建筑内主干线缆等。

③UTP 布线系统：目前主要指超 5 类、6 类双绞线。

④光缆布线系统：在光缆布线中分水平子系统和垂直子系统，它们分别使用不同类型的光缆。

水平子系统使用 62.5/125μm 多模光缆（出入口有 2 条光缆），多数为室内型光缆；垂直子系统使用 62.5/125μm 多模光缆或 10/125μm 单模光缆。

综合布线系统的设计方案不是一成不变的，而是随着环境和用户要求来确定的。

综合布线标准的制定对与综合布线以及网络的发展有深刻的影响。对于业界人士而言，及时了解布线标准的动态对于产品的开发至关重要；对于用户而言，了解布线标准的发展，对于保护自己的投资是十分重要的。

六、局域网综合布线

近年来，局域网（LAN）技术得到了迅速发展，无论从网络速度还是从连接的覆盖范围都发生了很大的变化，网络速率从 10Mb/s 发展到 100Mb/s，目前已经发展到 1000Mb/s、10Gb/s 速率的局域网；局域网连接也已从单一的办公室或机房扩展到了多室多处相连。随着局域网速率的提高和覆盖面的增大，局域网布线对网络的影响越来越大。因此，弄明白局域网概念及其特点是十分必要的。

1. 局域网概念

局域网是网络的一种，由于网络技术在不断发展，各国家和地区因硬件和线路不同，使用的网络产品和网络技术不同，很难给出一个明确定义，但可从以下几方面理解局域网概念。

（1）局域网是限定区域的网络

限定区域不仅指地理区域的大小，还包括在功能上、组织上都比较封闭的空间，如办公大楼内学校的校园内等。

（2）局域网是高速线路的网络

高速网络是数据在网络中传输的速率，由于局域网使用的通信线路多选用金属或光纤介质，传输的速率可达 100Mb/s 甚至 1000Mb/s。

（3）局域网是自用专用线路网络

专用网络是局域网不使用电话线路或公用线路，是自行用电缆架设而成的自用网络。

（4）局域网是遵守国际标准的开放性网络

开放性网络是局域网的体系结构遵守国际 ISO 组织的标准，它能够与任何遵守国际 ISO 组织的标准系统之间进行通信。

2. 局域网布线特点

局域网技术是目前计算机网络研究的重点和热点，是发展最快的技术领域之一，局域网布线具有如下特点。

①局域网是覆盖有限地理范围的网络，从一处办公室、一幢大楼、一所学校、一个工厂，到几公里的范围，适用于机关、公司、校园、工厂等各种单位。局域网布线除重点强调线缆安装外，其他所有布线内容均被涵盖，包含有工作区子系统、水平子系统、垂直子系统、设备间子系统、管理间子系统、建筑群接入子系统等。

②局域网是一种通信网络，主要技术体现在网络拓扑、传输介质与介质访问控制方法，具有高速率、高质量的数据传输能力。布线标准采用IEEE802协议；布线重点是金属电缆布线，因为它是当前占支配地立的布线方法；还有更快速度的光纤网布线，因为它是未来快速网络发展的方向。

③局域网属于单位自有，易于建立、维护和使用。局域网布线要根据单位自身的应用与财力情况规划使用范围制定建设方案、满足自身需要。

1.3 布线工程六项工作

网络综合布线工程项目的实现并不是一件简单的事，事实上需要具备很多相关的知识，特别是工程实践知识积累，网络工程布线实现通常需要做好如下几方面的工作。

一、用户需求报告

用户需求报告是网络综合布线工程项目建设的依据，包括工程内容、等级、目标等。

二、布线方案设计

网络综合布线方案是工程实施的蓝图，是工程建设的框架结构。网络综合布线总体方案设计的好坏直接影响布线工程的质量和性能价格比。因此，做好网络综合布线总体方案设计是非常重要的，在总体方案设计工作中主要讨论的是怎样设计布线系统，这个系统有多少信息点，怎样通过水平干线、垂直干线、楼宇管理间子系统把它们连接起来。

三、选择线材管材

选好建设材料是做好网络工程质量的基本保障，涉及需要选择哪些传输介质（线缆）、需要哪些线材（槽管）及材料的价格如何、施工有关费用需要多少等问题。

四、工程施工

工程施工是实现工程设计、满足用户需求的唯一途径，包括开工报告、施工图准备、人员安排、备料、制订工程进度表及其具体实施等工作。

五、系统测试与验收

测试与验收是施工单位向用户方移交的正式手续，也是用户对工程的认可。它可检查工程施工是否符合设计要求和符合有关施工规范、是否达到了原来的设计目标，质量是否符合要求等。

六、文档管理

文档管理指的是在测试与验收结束后，将建设单位所交付的文档材料及测试与验收所使用的材料一起交给用户方的有关部门存档。存档的材料主要包括综合布线工程建设报告、综合布线工程测试报告、综合布线工程资料审查报告、综合布线工程用户意见报告、综合布线工程验收报告。

通过上述6个方面的工作，理论上是能够完成一个网络布线工程的，但实际上用上述几句话来解决是不现实的，必须认真学习后面各模块内容，并按照任务分解方式逐一加以解决和实现。

模块 2　网络综合布线系统工程设计

2.1　任务的引入与分析

一、任务引入

（一）网络综合布线系统工程设计

网络工程综合布线的首要任务就是根据用户需求（包括工程内容、等级要达到的目标等）进行工程设计，工程设计占一个网络工程的 30%～40% 的工作量，剩下的只是使之实现的问题。以信息学院 2 号楼信息中心网络工程为例，该工程计划信息点 200 个，网络连接采用结构化综合布线系统完成，施工集中在一个楼内（共 5 层），每两个用户之间最大距离不超过 50m，这是一个典型的网络综合布线工程任务。

（二）绘图工具软件使用

综合布线系统在设计的过程中必须要根据实际情况完成工程图纸的绘制，绘制清晰标准的施工图纸是综合布线工程设计的一个重要内容。以信息学院校园网综合布线工程为例，设计人员需要完成整体楼宇施工图纸的绘制，同时要绘制楼宇内具体部位的施工图纸等。

二、任务分析

（一）网络综合布线系统工程设计

一个单位要建设综合布线系统，总是要有自己的目的，也就是说要解决什么样的问题。用户的问题往往是实际存在的问题或是某种要求，那么专业技术人员应根据用户的要求进行任务分析，用网络综合布线工程的语言描述出来，使用户对工程能有所理解。以前面的信息学院 2 号楼信息中心综合布线为例，该任务是把本楼内所有的计算机主机局域网等主要设备的信息点连接到网管中心（一级节点），形成星型网络拓扑结构，它能够传输数字、多媒体信息，满足教学与管理要求，还能进行对外交流；网络综合布线工程实施使用模块化的标准件和传输介质，层间用光纤连接、同层内采用双绞线布线，设计等级为综合型；同时，网络系统能够具有可扩充和升级能力。

（二）绘图工具软件使用

绘制综合布线施工图纸既然是综合布线工程设计中的一个重要内容，对于工程设计人员而言，如何能够既快又好的完成这一任务就非常关键了。要完成信息学院校园网综合布线工程任务，除要绘制整体楼宇施工图纸外，还要绘制楼内具体部位的施工图。施工图纸的绘制有多种方法，通过对目前市场中的各种绘图软件的比较、筛选，我们发现 Microsoft Visio 软件是绘制施工图纸较理想的软件。该软件易学、易懂、易用，使用十分方便，是一款对综合布线工程设计人员非常合适的好工具，因此必须了解该软件的相关知识。

2.2 网络综合布线系统工程设计

网络工程设计除了任务明确，分析到位，还需要详细的设计方案。为此，还应知道相关的知识。

一、网络综合布线系统设计概述

（一）网络综合布线系统设计等级

按照国家标准 GB50311 中规定，综合布线系统的设计可以划分为三个等级。

1. 最低型

（1）基本配置

①每个工作区有 1 个信息插座。

②每个信息插座的配线电缆为 1 条 4 对对绞电缆。

③完全采用 110A 交叉连接硬件，并与未来的附加设备兼容。

④每个工作区的干线电缆至少有两对双绞线。

（2）主要特点

①能够支持所有语音和数据传输。

②支持语音、综合型语音／数据高速传输。

③便于维护人员维护、管理。

④能够支持众多厂家的产品设备和特殊信息的传输。

2．基本型

（1）基本配置

①每个工作区有两个或两个以上信息插座。

②每个信息插座的配线电缆为1条4对对绞电缆。

③具有110A交叉连接硬件。

④每个工作区的电缆至少有8对双绞线。

（2）主要特点

①每个工作区有两个信息插座，灵活方便、功能齐全。

②任何一个插座都可以提供语音和高速数据传输。

③便于管理与维护。

④能够为众多厂商提供服务环境的布线方案。

3．综合型（将双绞线和光缆纳入建筑物布线的系统）

（1）基本配置

①以基本配置的信息插座量作为基础配置。

③每个工作区的电缆内配有4对双绞线。

④建筑、建筑群干线或水平布线子系统中配置光缆，并考虑适当的备用量。

（2）主要特点

①每个工作区有两个以上的信息插座，不仅灵活方便而且功能齐全。

②任何一个信息插座都可提供语音、视频和高速数据传输。

③有一个很好的环境，为客户提供服务。因为光缆的使用，可以提供很高的带宽。

二、网络综合布线系统设计内容

（一）网络综合布线系统设计一般原则

①实用性：网络综合布线工程应从实际需要出发，必须坚持为用户服务，必须满足用户要求。

②先进性：采用成熟的先进技术，兼顾未来的发展趋势，既量力而行，又适当超前，留有发展余地。

③可靠性：确保网络可靠运行，在网络的关键部分应具有容错能力。

④安全性：提供公共网络连接、内部网络连接、拨号入网、通信链路、服务器等全方位的安全管理系统。

⑤开放性：采用国际标准布线，采用符合标准的设备，保证整个系统具有开放特点增强与异机种、异构网的互联能力。

⑥可扩展性：系统便于扩展，保证前期投资的有效性与后期投资的连续性。

（二）网络综合布线设计的 7 个主要步骤

①分析用户需求。
②获取建筑物平面图。
③系统结构设计。
④布线路由设计。
⑤可行性论证。
⑥绘制综合布线施工图。
⑦编制综合布线用料清单。

三、网络综合布线子系统设计

（一）工作区子系统设计

工作区（又称服务区）子系统是从终端设备（可以是电话、微机和数据终端，也可以是仪器仪表、传感器的探测器）连接到信息插座的整个区域，是工作人员利用终端设备进行工作的地方。

一个独立的需要设置终端的区域可以划分为一个工作区，通常按 $5\sim10m^2$ 划分为一个工作区，在一个工作区内可设置一个数据点和一个语音点，也可以根据用户的需求来设置。

工作区可支持电话机数据终端、微型计算机、电视机、监视及控制等终端设备的设置和安装。典型的终端连接系统如图 2-1 所示。

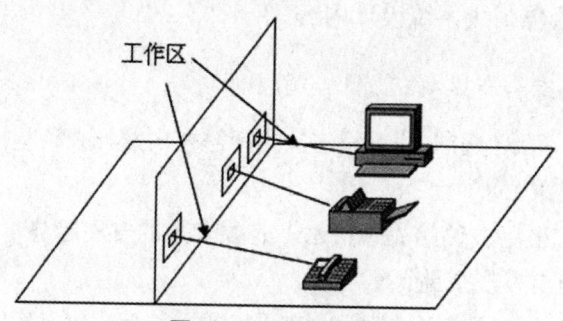

图 2-1　工作区子系统

1. 工作区子系统设计要点

①工作区内线槽的敷设要合理、美观。
②信息插座设计在距离地面 30cm 以上。

③信息插座与计算机设备的距离保持在 5m 范围内。

④网卡接口类型要与线缆接口类型保持一致。

⑤所有工作区所需的信息模块信息插座、面板的数量要准确。

⑥计算 RJ45 水晶头所需的数量（RJ45 总量=4×信息点总量×（1+15%））。

2．工作区子系统设计操作步骤

①根据楼层平面图计算每层楼布线面积。

②估算信息插座数量，一般设计两种平面图供用户选择：为基本型设计出每 9m^2 一个信息插座的平面图，为增强型或综合型设计出两个信息插座的平面图。

③确定信息插座的类型。

3．信息插座数量确定与配置

信息插座可分为嵌入式安装插座、表面安装插座、多介质信息插座 3 种类型。其中，嵌入式安装插座用来连接 5 类或超 5 类双绞线；多介质信息插座用来连接双绞线和光纤，以解决用户对光纤到桌面的需求。

①信息插座数量确定原则。根据建筑平面图计算实际空间，依据空间大小和设计等级以及用户具体要求计算信息插座数量。通常一个 5～10m 的工作区，可设置两个信息插座，一个提供语音功能，另一个提供数据交换功能。

②信息插座的配置。根据建筑物结构的不同，可采用不同的安装方式，新建筑物一般采用嵌入式安装插座，已有的建筑物重新布线则多采用表面安装插座。每个工作区至少要配置一个插座盒。对于难以再增加插座盒的工作区，要至少安装两个分离的插座盒。

（二）水平子系统设计

水平子系统也称为配线子系统，由工作区的信息插座、信息插座到楼层配线设备（FD）的水平电缆或光缆、楼层配线设备和跳线组成。

水平子系统由工作区的信息插座延伸至管理间子系统的配线架。水平子系统总处在一个楼层上，并端接在信息插座或区域布线的中转点上，功能是将工作区信息插座与楼层配线间的水平分配线架连接起来。水平子系统如图 2-2 所示。

图 2-2 水平子系统示意图

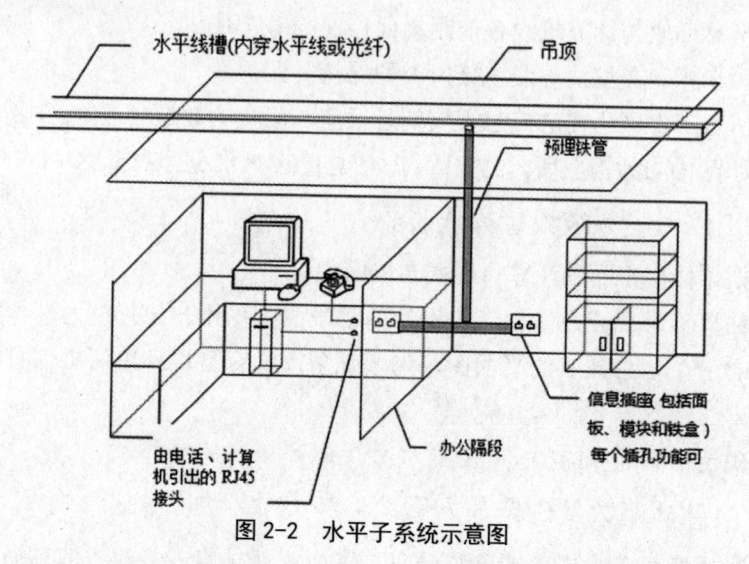

1. 水平子系统设计要点

①根据建筑物的结构、布局和用途,确定水平布线方案。

②确定电缆的类型和长度,水平子系统通常为星型结构,一般使用双绞线布线,长度不超过 90m。

③用线必须走线槽或在天花板吊顶内布线,最好不走地面线槽。

④确定线路走向和路径,选择路径最短和施工最方便的方案。

⑤确定槽、管的数量和类型。

2. 水平子系统线缆选择

①产品选型必须与工程实际相结合。

②选用的产品应符合我国国情和有关技术标准(包括国际标准、我国国家标准和行业标准)。

③近期和远期相结合。

④符合技术先进和经济合理相统一的原则。

3. 水平子系统布线方案

水平子系统布线是将线缆从管理间子系统的配线间接到每一楼层的工作区的信息输入/输出(I/O)插座上。设计者要根据建筑物的结构特点,从路(线)最短、造价最低、施工方便、布线规范等几个方面考虑,优选最佳的方案。水平子系统布线一般可采用 3 种类型:

①直接埋管式;

②先走吊顶内线槽、再走支管到信息出口的方式;

③适合大开间及后打隔断的地面线槽方式。

其余都是这 3 种方式的改良型和综合型。

（三）管理间子系统设计

管理间子系统由交连／互连的配线架、信息插座式配线架及相关跳线组成。管理间子系统为连接其他子系统提供手段，它是连接垂直子系统和水平子系统的设备，用来管理信息点（信息点少的情况下可以几个楼层设一个），其主要设备是机柜、交换机、机柜和电源，管理间子系统如图 2-3 所示。

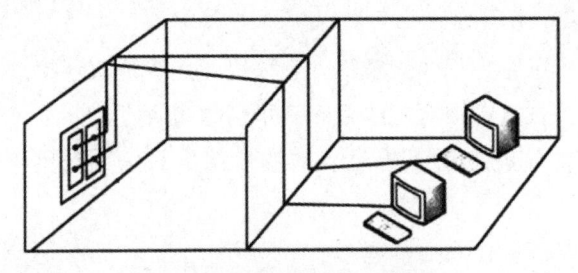

图 2-3　管理间子系统示意图

在管理间子系统中，信息点的线缆是通过"信息点集线面板"进行管理的，而语音点的线缆是通过 110 交连硬件进行管理的。

信息点的集线面板有 12 口、24 口、48 口等，应根据信息点的多少配备集线面板。

1. 管理间子系统交连的几种形式

在不同类型的建筑物中管理子系统常采用单点管理单连接、单点管理双连接和双点管理双连接 3 种方式。

① 单点管理单连接如图 2-4 所示。

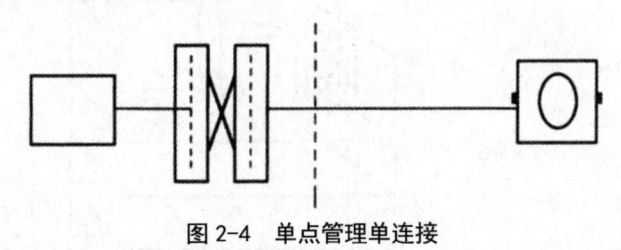

图 2-4　单点管理单连接

② 单点管理双连接如图 2-5 所示。

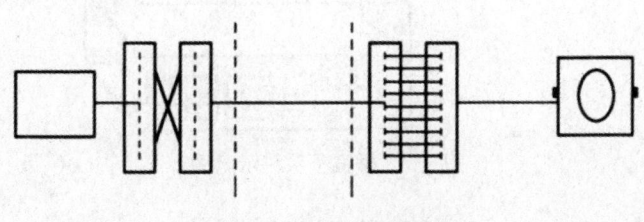

图 2-5　单点管理双连接

③双点管理双连接如图2-6所示。

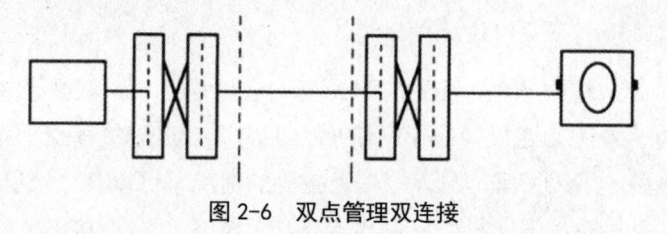

图 2-6　双点管理双连接

2．管理间子系统的设计要点

①管理间子系统中干线配线管理宜采用双点管理双连接。
②管理间子系统中楼层配线管理应采用单点管理。
③配线架的结构取决于信息点的数量综合布线系统网络性质和选用的硬件。
④端接线路模块化系数合理。
⑤设备跳接线连接方式要符合下列规定。

对配线架上相对稳定、一般不经常进行修改、移位或重组的线路，宜采用卡接式接线方法；对配线架上经常需要调整或重新组合的线路，宜使用快接式插接线方法。

（四）垂直子系统设计

垂直子系统负责连接管理间子系统到设备间子系统，提供建筑物干线电缆，一般使用光缆或选用大对数的非屏蔽双绞线，由建筑物配线设备跳线以及设备间至各楼层管理间的干线电缆组成。垂直子系统如图2-7所示。

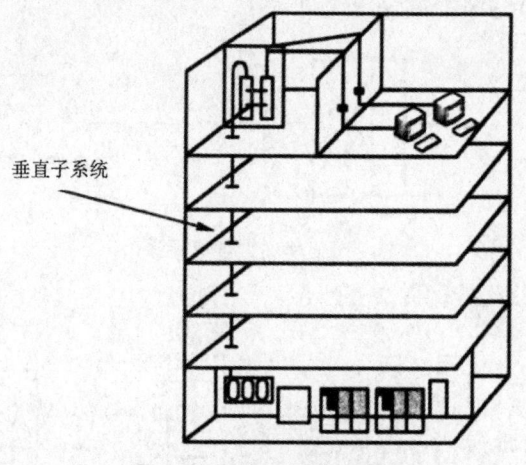

图 2-7　垂直子系统示意图

1. 垂直子系统的设计要点

①确定每层楼的干线电缆要求，根据不同的需要和经济因素选择干线电缆类别。

②确定干线电缆路由，原则是最短最安全、最经济。

③绘制干线路由图，采用标准中规定的图形与符号绘制垂直子系统的线缆路由图，确定好布线的方法。

④确定干线电缆尺寸，干线电缆的长度可用比例尺在图纸上量得，每段干线电缆长度要有备用部分（约10%）和端接容差。

⑤布线要平直，走线槽，不要扭曲；两端点要标号；室外部要加套管，严禁搭接在树干上；双绞线不要拐硬弯。

2. 光纤线缆的选择

垂直子系统主干线多选用光纤，光纤分单模、多模两种。从目前国内外应用的情况来看，采用单模结合多模的形式来铺设主干光纤网络，是一种合理的选择。

（五）设备间子系统设计

设备间子系统由设备室的电缆、连接器和相关支撑硬件组成，通过电缆把各种公用系统设备互连起来。

设备间是综合布线系统的关键部分，是外界引入（公用信息网或建筑群间主干线）和楼内布线的交汇点，位置非常重要，通常放在楼宇的一、二层。设备间子系统如图 2-8 所示。

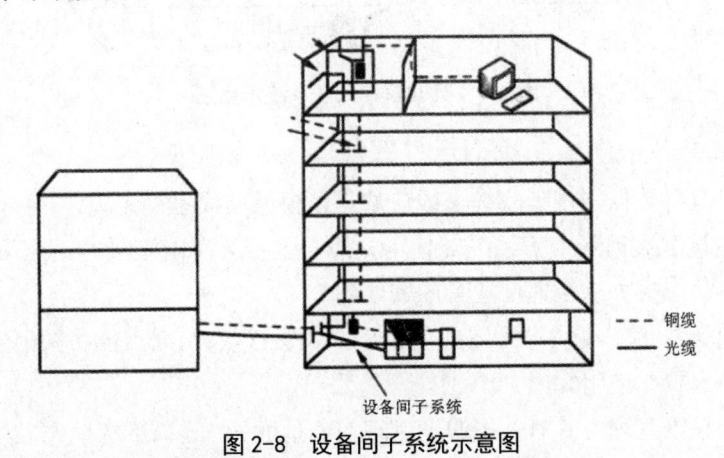

图 2-8 设备间子系统示意图

1. 设备间的设计要点

①设备间尽量选择建筑物的中间位置，以便使线路最短。

②设备间要有足够的空间，能保障设备存放。
③设备间建设标准要按机房标准建设。
④设备间要有良好的工作环境。
⑤设备间要配置足够的防火设备。

2.设备间中的设备

设备间子系统的硬件大致同管理子系统的硬件相同，基本由光纤、铜线电缆、跳线架、引线架、跳线构成，只不过其规模比管理间子系统大。

（六）建筑群接入子系统设计

规模较大的单位邻建筑物较多，相互彼邻。但彼此之间的语音、数据、图像和监控等系统可用传输介质和各种支持设备（硬件）连接在一起。连接各建筑物之间的缆线及相应设备组成建筑群接入子系统，也称楼宇管理子系统。

建筑群接入子系统如图2-9所示。

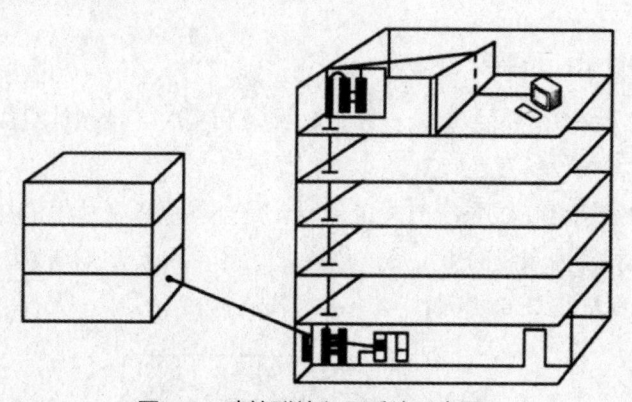

图2-9 建筑群接入子系统示意图

1.建筑群接入子系统的设计要点

①建筑群数据网主干线缆一般应选用多模或单模室外光缆。
②建筑群数据网主干线缆需使用光缆与电信公用网连接时，应采用单模光缆，芯数应根据综合通信业务的需要确定。
③建筑群主干线缆宜采用地下管道方式进行敷设，设计时应预留备用管孔，以便为扩充使用。
④当采用直埋方式时，电缆通常埋在离地面60cm以下的地方。

2.建筑群接入子系统中电缆敷设方法

①架空电缆布线。
②直埋电缆布线。

③管道系统电缆布线。
④隧道内电缆布线。

四、布线工程绘图工具软件 Visio

威硕（Visio）公司的创始者是来自阿尔杜斯（ALDUS）公司的几个开发人员，他们于 1990 年成立了塞普沃尔（SHAPE-WARE）公司，并在 1995 年将公司改名为威硕。Visio 程序一经面世就取得极大成功。1999 年，微软公司并购了威硕公司，然后发布了 Microsoft Visio 系列产品。它和 Microsoft Word、Microsoft Excel 等一系列产品很相像。

Visio 是世界上最优秀的商业绘图软件之一，它可以帮助用户创建业务流程图、软件流程图、数据库模型图和平面布置图等。因此不论用户是行政或项目规划人员，还是网络设计师、网络管理者、软件工程师、工程设计人员，或者是数据库开发人员，Visio 都能在用户的工作中派上用场。

Microsoft Visio 可以建立流程图、组织图、时间表、营销图和其他更多图表，把特定的图表加入文件，让商业沟通变得更加清晰，令演示更加有趣，使复杂过程更加简单，文档重点更加突出，使我们的工作在一种视觉化的交流方式下变得更有效率。

作为 Microsoft Office 家族的成员，Visio 拥有与 Office XP 非常相近的操作界面，所以接触过 Word 的人都不会觉得陌生。跟 Office XP 一样，Visio2003 具有任务面板、个人化菜单、可定制的工具条以及答案向导帮助。它内置自动更正功能、office 拼写检查器、键盘快捷方式，非常便于与 office 系列产品中的其他程序共同工作。

五、Visio 绘制布线图

（一）Visio 安装和激活

安装和激活 Visio 的过程既快速又简单。

开始安装之前，请在 Visio 光盘盒上找到产品密钥。为避免安装冲突，请关闭所有程序并关闭防病毒软件。然后，将 Visio CD 插入 CD-ROM 驱动器中。在大多数计算机上，Visio 安装程序会自动启动并引导用户完成整个安装过程。如果 Visio 安装程序不自动启动，请完成以下步骤。

手动启动 Visio 安装程序：
①将 Visio CD 插入 CD-ROM 驱动器中；
②在"开始"菜单上，单击"运行"按钮；

③输入"drive:\setup"(用该 CD-ROM 驱动器所用的盘符替换 drive);

④单击"确定"按钮。

Visio 安装程序随即启动并引导用户完成整个安装过程。

首次启动 Visio 时,会得到提示,要求激活该产品。"激活向导"将引导完成通过互联网连接或电话激活 Visio 的所有必需步骤。

如果选择首次启动 Visio 时不激活它,以后也可以通过单击"帮助"菜单上的"激活产品"来完成激活过程。

注:如果在使用了若干次后仍不激活产品,产品功能将减少。长此以往最终在不激活 Visio 的情况下所能执行的操作就只是打开和查看文件。

(二)Microsoft Visio 集成环境

Microsoft Visio 拥有简单易用的集成环境,同时在操作使用上沿袭了微软软件的一贯风格,即简单易用用户友好性强的特点,是完成综合布线设计图纸绘制的绝佳工具。与许多提供有限绘图功能的捆绑程序不同,Visio 提供了一个专用、熟悉的 Microsoft 绘图环境,配有一整套范围广泛的模板、形状和先进工具。利用它,可以轻松自如地创建各式各样的业务图表和技术图表。

提示:Visio2003 中包含"图示库",它提供了 Visio 中各种图表类型的图表示例,并说明了哪些用户可以使用它们以及如何使用它们。要浏览这些图表示例,请单击"帮助"菜单上的"图示库"。

(三)Microsoft Visio 的操作方法

Visio 提供一种直观的方式来进行图表绘制,不论是制作一幅简单的流程图还是制作一幅非常详细的技术图纸,都可以通过程序预定义的图形,轻易地组合出图表。在"任务窗格"视图中,用鼠标单击某个类型的某个模板,Visio 即会自动产生一个新的绘图文档,文档的左边"形状"栏显示出极可能用到的各种图表元素——Smart Shapes 符号。

在绘制图表时,只需要用鼠标选择相应的模板,单击不同的类别,选择需要的形状,拖动 Smart Shapes 符号到绘图文档上,加上一定的连接线,进行空间组合与图形排列对齐,再加上吸引人的边框、背景和颜色方案,步骤简单迅速快捷方便。也可以对图形进行修改或者创建自己的图形,以适应不同的业务和不同的需求,这也是 Smart Shapes 技术带来的便利,体现了 Visio 的灵活。甚至,还可以为图形添加一些智能,如通过在电子表格(像 Shape Sheet 窗口)中编写公式,使图形意识到数据的存在或以其他的方式来修改图形的行为。例如:一个代表门的图形"知道"它被放到了一个代表墙的图形上，就会自动地适当地进行一定角度的旋转，互相嵌合。

另外，Visio2003 包括以下可以帮助用户更迅速、更巧妙地工作的任务窗格：

① "开始工作"快速打开图表，创建新图表，在计算机或 Office Online 上搜索特定于形状、模板和图表信息；

② "Visio 帮助"获得针对用户提出的 Visio 疑问的详细、最新解答，以便用户有效地创建图表；

③ "剪贴画"在计算机或 Microsoft Office Online 上搜索剪贴画，然后将这些剪贴画合理地安排并插入用户的 Visio 图表中；

④ "信息检索"使用包含百科全书、字典和辞典的 Microsoft 信息咨询库在 Microsoft 网站上搜索和检索图表特定的或与工作相关的主题；

⑤ "搜索结果"在 Microsoft 网站上搜索 Microsoft 产品信息。

在综合布线设计中，常用 Visio 绘制网络拓扑图、布线系统拓扑图、信息点分布图等。

2.3 工程设计案例

根据信息学院信息中心综合布线任务的引入与分析以及相关知识的学习，使我们知道了网络综合布线系统设计的方法与步骤。其中，信息中心（2号楼）综合布线系统设计方案简述如下。

一、用户需求分析

2号楼信息中心是整个校园网连接的中心，网管中心坐落在该楼5层，通过它能够使整个校区的互联，形成统一高效、实用、安全的校园网。该楼综合布线的需求是：

①能够支持高速率数据传输，能传输数字、多媒体、视频音频信息。

②能够满足学院日常办公、对外交流、教学过程和教务管理需要。

③能够通过中国网通和中国教育网联入互联网。

④能够根据实际需要，扩充或升级网络。

二、布线系统设计依据

（1）信息端口分布（表 2-1）

表 2-1　信息端口分布表

楼层号	房间数	每房间信息点数	信息点总数
第 1 层	9	4	36
第 2 层	12	6	72
第 3 层	10	6	60
第 4 层	15	4	60
第 5 层	12	4	48

（2）布线要求

①符合 ANSI/TIA/EIA-568-B，ISO/IEO11801 国际标准。
②所有接插件都采用模块化的标准件，以便于不同厂家设备的兼容。
③传输介质支持 100Mb/s 以上的数据传输率，并考虑到未来升级到千兆以太网的需要。

综上所述，我们建议主干布线采用光纤连接，楼内层中的入网设备则采用 100M 的交换机并通过超 5 类非屏蔽双绞线连接。为了将来系统能够容易升级，建议网卡、交换机采用 10M/100M 自适应的产品。

三、系统组成

根据信息中心楼布线任务需求分析，该网络工程应以网管中心为核心进行布线，具体设计方案如下：

①网管中心建立在信息中心楼 5 层 501 房间；
②管理间设在信息中心楼 1 层 101 房间（可以和设备间混用）；
③每层设备间分别设在信息中心楼 2 层 201 房间、3 层 301 房间、4 层 401 房间；
④网管中心与其他各楼层设备间的连接采用光缆敷设，作为主干线；
⑤每楼层中（假设每层信息点不超过 100 个）以 5 类非屏蔽双绞线为主体的水平干线，布线结构为星型结构；
⑥网管中心机柜选用 1.6m 国产标准机柜，其他网络管理间使用 0.5m 国产标准机柜。

上述设计方案优点：
①既能满足用户当前的业务需要，又能跟上计算机网络技术未来 10 至 15 年发展的需要；
②未来用户网络系统升级或扩充时，不需要对布线基础设施进行更改及

投资，便可平滑过渡、升级或扩充。

四、工程施工要点

图纸很美，现实有别。一个优秀的综合布线系统设计方案的完美实现，有赖于合理的工程组织和实施。再优秀的网络综合布线系统设计，如果没有优秀的管理人员进行管理，没有出色的技术人员进行施工，那么设计师的思想就无法实现，最终的工程就可能与图纸相去甚远。

"没有规矩，不成方圆。"在对综合布线系统工程进行设计、施工和验收时必须遵循相关的标准和规定。

综合布线系统的施工和验收，必须按照《综合布线系统工程验收规范》(GB 50312—2016)中的相关规定进行，加强自检、互检和随工检查等。

若综合布线工程涉及语音，则应遵循我国通信行业标准《本地电话网用户线路工程设计规范》（YD 5006—2003）等标准中的规定。

综合布线系统包括建筑群子系统、主干布线子系统的，除应符合 GB 50312—2007 的相关规定外，还应符合国家现行的《有线接入网设备安装工程验收规范》(YD/T 5140—2005)、《通信管道工程施工及验收技术规范》(YD 5103—2003)、《电信网光纤数字传输系统工程施工及验收暂行技术规定》(YDJ 44—1989)、《通信管道与通道工程设计规范》（YD5007—2003）等有关规定。

所用线缆类型和性能指标、布线部件的规格以及质量等均应符合我国通信行业标准《大楼通信综合布线系统第 1～3 部分》（YD/T926.1—2009、YD/T 926.2—2009、YD/T926.3—2009）等规范或设计文件的规定，工程施工中，不得使用未经鉴定合格的器材和设备。建设单位应通过工程监理人员或工地代表严格进行工程技术监督，及时组织工程的隐蔽检验和签证工作。

大项目应成立工程项目部，由项目经理负责工程的整体实施、规划和协调工作。根据实际的需求和资金的投入，确保工程进度、质量；严格遵守工程施工规范要求；做好与其他工程之间的协调；做好材料、设备的采购及发放管理工作。

做好项目跟踪报告和项目文档的管理，所有文件均应当使用国际计量单位制。工程中所提交的全部文件和图纸均应清晰、完整，并按综合布线标准和有关建筑标准制作。

文明、安全施工。施工中须戴安全帽，身穿工作服。使用电源时，应按照《电气装置安装工程施工及验收规范》中的标准执行，严禁随意搭线和安全通道相交架设，防止火灾隐患。综合布线系统工程施工应与土建施工配合，做好预留孔洞，在浇筑混凝土前将管路、接线盒和配线柜的基础安装部分预埋好。

表面敷设工程应配合土建和装饰工作，力求统一进度。

在综合布线工程安装施工时，力求不影响建筑结构强度、不有损于内部装修美观要求，不发生降低其他系统使用功能和有碍于用户通信畅通的事故。

工程完毕后，应做好布线工程所涉及的线缆及器件的测试工作，并按照规范执行。

五、施工过程

对于业主方而言，投标、设计都是为了施工。综合布线系统施工过程直接决定了整个工程的质量和性能，丝毫马虎不得。"磨刀不误砍柴工"，在工程施工之前进行必要的准备，不仅可以保证工程施工按部就班地进行，还可以达到事半功倍的效果。

在对综合布线系统的线缆、信息插座、配线架及所有连接器件安装施工之前，首先要对施工建筑物安装现场条件、设备和器材等进行检查，并做好相关的准备工作。

1. 施工前的准备工作

在综合布线系统施工前，各项准备工作必须做好。这是安装施工的前提条件，对确保施工进度和工程质量非常重要。

（1）熟悉和了解设计文件和图纸

工程图纸是工程中的语言，是工程各方进行交流的基本依据。施工单位在接受综合布线系统工程安装项目后，应详细查阅工程设计文件和施工图纸。对其中的主要内容如设计说明、施工图纸和工程概算等部分，应相互对照，认真核对。对于设计文件和图纸上交代不清或者有疑问的地方，应该及早向设计单位提出，必要时可以会同设计人员同到现场，以求解决安装施工的难题。

（2）现场勘察

在进入工地后，应对施工现场的情况进行全面的勘察，了解工地情况，判断哪些地段、哪些工序需要予以特别注意。同时，要核对图纸，如果发现无法施工的环境，需要与有关的设计、施工方协商，寻求有效的解决方案。

在勘察时，还应了解工程的进度计划和实际情况，对布线工程各阶段可能施工的时间做出初步的估计，以便适时调派人员，以免出现等工、误工等现象。

在工程中，经常遇到空间和时间上的交叉作业。对于有争议的施工环境，应该事先有所准备，在必要时采用对己方最有利而不会引起争议的施工方案。

这时，就需要项目负责人提前进行协调，必要时只能采用"先下手为强"的方式，寻求对自己最有利的环境。例如在某工地，布线与消防共用一个2m宽、0.8m深的弱电竖井，而布线需要安装两个19英寸（in，1英寸≈2.54厘米）标准机柜。这时，如果消防先做，并占据了一半的空间，则布线就无法完成，或者做完的布线工程不美观、不方便。项目经理应该在施工之前，通过总包方与消防施工人员沟通，根据弱电井设备布局平面图，协商双方所占的空间。如果实在来不及沟通，那么最佳的方式就是先行安装综合布线系统的弱电井设备。

另外，如有需要，可以根据为施工人员提供方便的原则，制作一些可以加快施工速度、保证施工质量的图纸。

（3）技术交底

施工方进入现场后，应会同设计单位现场核对施工图纸，进行安装施工的技术交底。设计单位应对设计文件和施工图纸的主要设计意图和各种因素进行介绍，其中包括如下几项：

①甲方提出的设计要求；

②各配线架的布局及部件分配；

③机房和配线间的空间布局、进线位置、接地方式，施工环境中对其他系统的规避要求，设计方对施工方的其他技术要求。

施工单位在设计文件和施工图纸上发现交代不清或有疑问之处，应向设计单位提出，设计单位应做出解释或提供解决方法，也可以在现场经双方协商，提出更加完善的技术方案。经过现场技术交底，施工单位应全面了解工程全部施工的基本内容。

2．环境检查

现场调查工程环境中的施工条件可以与设计单位一起进行，也可由施工单位自己单独调查。

（1）房间的要求

综合布线系统设备的安装涉及工作区、交接间、设备间及进线间等多个房间，公用空间应不小于规范规定面积。如果需要安装其他弱电系统设备时，则还应为这些设备预留机房面积。

在工业与民用建筑工程中，综合布线施工与主体建筑有着密切的关系，如配管、配线及配线架或配线柜的安装等都应与土建施工密切配合，做好预留孔洞的工作。这样既能加快施工进度，又能提高施工质量；既安全可靠，又整齐美观。

对于钢筋混凝土建筑物的暗配管工程，应当在浇灌混凝土前（预制板可在敷设后）将一切管路、接线盒和配线架或配线柜的基础安装部分全部预埋好，其他工程则可等混凝土干涸后再施工。表面敷设（明设）工程，也应在配合土建施工时装好，避免以后过多的凿洞破坏建筑物。对不损害建筑的明设工程，可在抹灰工作及表面装饰工作完成后再进行施工。

对于交接间（安装有源设备）和设备间（安装计算机、交换机、维护管理系统设备及配线设备）等专用房间而言，除应满足上述要求之外，还必须满足如下要求。

交接间、设备间、工作区土建工程已全部竣工，地面平整、光洁。

房间的门应向走道开启，门的宽度不宜小于1.5m，门锁和钥匙齐全。窗应按照防尘窗设计。

预留地槽、暗管，以及孔洞的位置、数量、尺寸均应符合设计要求。

设备间敷设的活动地板应符合国家标准《计算机机房用活动地板技术条件》（GB6650—2001）；地板板块敷设严密坚固，每平方米水平允许偏差不应大于2mm；地板支柱牢固；活动地板防静电措施的接地应符合设计和产品说明要求；交接间和设备间应提供可靠的施工电源和接地装置。

交接间和设备间的面积、环境温度、湿度、内部装修、防尘和防火等措施均应符合设计要求和相关规定。

交接间、设备间设备所需要的交直流供电系统，由综合布线设计单位提出要求，在供电单项工程中实施。

安装工程除和建筑工程密切相关、需要协调配合外，还和其他安装工程，如给排水工程、采暖通风工程等有密切关系。

施工前应做好图纸会审工作，避免发生安装位置的冲突；互相平行或交叉安装时，要保证安全距离的要求，不能满足时，应采取保护措施。

所有建筑物构件的材料选用及构件设计，应有足够的牢固性和耐久性，要求防止尘沙的侵入、存积和飞扬。

房屋的抗震设计裂度应符合当地要求。

屋顶应严格要求，防止漏雨及掉灰。

设备间的各专业机房之间的隔墙可以做成玻璃隔断，以便维护。房屋墙面应涂浅色不易起灰的涂料或无光油漆。

地面应满足防尘、绝缘、耐磨、防火、防静电、防酸等要求。房屋设计还应符合环保、消防、人防等规定。

（2）路由的要求

由于综合布线系统中的绝大多数线缆都采用隐蔽的敷设方式，因此对吊顶、地板、电缆竖井和技术夹层等建筑结构、空间尺寸进行调查了解，以便全部掌握各个安装场合敷设线缆的可能性和难易程度，对决定线缆路由和敷设位置有很大的帮助。

如果是已建成的建筑，在现场调查过程中要更加重视建筑结构，如内部有无暗敷管路。若有管路，对其路由、位置以及是否被占用等具体情况要进行充分了解，以便考虑是否利用原有管路；若无管路等设施，应在现场了解其采取明敷或暗敷管线的可能性和具体条件，以便在施工中决定敷设线缆的具体方案。

在现场调查中要复核设计的线缆敷设路由和设备安装位置是否正确适宜，有无安装施工的足够空间，规格尺寸是否符合设计中的规定要求。对于安装施工中必须注意的细节，例如在暗敷管孔内有无放置牵引线缆的引拉线，这些具体细小的问题都有必要调查清楚，全面掌握，以利施工。

（3）环境的要求

温度、湿度要求：温度为10℃～30℃，湿度为20%～80%。温度、湿度的过高和过低，均易造成线缆及器件的绝缘不良和材料的老化。

地下室的进线室应保持通风，排风量应按每小时不少于5次换气次数计算。

给水管、排水管、雨水管等其他管线不宜穿越配线机房；应考虑设置手提式灭火器和设置火灾自动报警器。

（4）照明、供电和接地

照明宜采用水平面一般照明，照度可为75～100lx，进线室应采用具有防潮性能的安全灯，灯开关装于门外。

工作区、交接间和设备间的电源插座应为220V单相带保护的电源插座，插座接地线考虑从380V/220V三相五线制的PE线引出。部分电源插座应根据所连接的设备情况，考虑采用UPS的供电方式。

综合布线系统要求在交接间设有接地体，如果采用单独接地，接地体的电阻值不应大于4Ω；如果采用联合接地，接地体的电阻值不应大于1Ω。接地体主要提供给以下场合使用：①配线设备的走线架，过压与过流保护器及警告信号的接地；②进局线缆的金属外皮或屏蔽电缆的屏蔽层接地；③机柜（机架）屏蔽层接地。

（5）库房管理

综合布线工程所用的施工工具、双绞线、光缆、面板、模块、配线架、机柜及其他部件通常都会在施工前运到临时库房中，对库房的管理就变得十分重要。除了常规库房管理所面对的遗失、水浸、库存搬迁、堆放和损坏外，项目经理对库房的管理还需要增加以下两项。

库房管理人员要具备对每天剩余的双绞线和光缆的管理能力。以水平双绞线为例，每天施工完毕时，都会产生许多已经用过的双绞线纸盒（或轴），其中绝大多数都包含着一些剩余的双绞线或当天已经无法使用的零头线。在下一个工作日前，管理人员应根据图纸所示的线缆长度，将还可以使用的零头线和剩余的双绞线发出去，要求施工人员先用零头线和剩余双绞线，然后再使用整箱的双绞线。以此类推，直到箱内所剩的双绞线长度无法满足任何一根线的铺设要求，从而做到对双绞线的充分利用。

库房管理人员除了做好检查货品、记账、进货等工作外，还应根据工程进度，将某些部件在仓库中分解和组装起来，以提高施工人员的劳动生产率。例如，模块化配线架包装盒中通常有空配线架、模块、尼龙扎带和机柜固定螺丝。如果按照下述施工工艺，在配线架理线前，需要将空配线架安装在机柜上，然后在端接时将模块提供给施工人员，库房管理人员就可以将空配线架、模块和尼龙扎带分别整理，拆出塑料包装袋，而所附的安装螺丝可以根据造型分类集中，以便日后用于其他机柜之中。这样施工人员在不同的时间段中即可领到真正所需的零部件，同时也可避免丢失、损坏等令人手忙脚乱的事件的发生。

3. 设备、器材、仪器和工具的检查

综合布线系统工程所需的设备、器材、仪器和工具较多，在安装施工前必须认真检验、核对和测试，做好一切准备工作。

（1）设备和器材检验的一般要求

在安装施工前，应对工程中所用的设备、线缆、配线接续部件等主要器材的规格、型号、数量和质量进行外观检查、详细清点和抽样测试。

工程中所需的设备、线缆和接续部件等主要器材的型号、规格和数量等都应符合设计规定要求。为了保证工程质量，无出厂检验合格证明的材料或与设计文件规定不符的器材，一律不得在工程中安装使用。

线缆和主要器材数量必须满足连续施工的要求，主要线缆和关键性的器材应全部到齐，以免因器材不足而影响整个工程的施工进度。

经清点、检验和抽样测试的主要器材应做好记录，对不符合标准要求的线缆和器材应单独存放，不应混淆，以备核查与处理，且不允许在工程中使用。

（2）配线、机柜设备的检查

光、电配线设备的型号、规格应符合设计要求。

光、电配线设备的标志应齐全、清晰，各部件应完整，安装到位。

配线接续设备如有箱体时，要求箱体外壳应密封防尘和防潮；箱体表面应无变形、裂损、发翘、受潮、腐蚀等现象；箱体表面涂层应完整无损，无挂流、裂纹、起泡、脱落和划伤等缺陷；箱门开启关闭或外罩装卸灵活。

向内的接续模块或接线端子及零部件应装配齐全、牢固有效，所有配件应无漏装、松动、脱落、移位或损坏等现象。

机柜、机架安装位置应符合设计要求，垂直偏差不应大于 3mm。

机柜、机架上的各种零件不得脱落或碰坏，漆面不应有脱落及划痕，各种标志应完整、清晰。

机柜、机架、配线设备箱体、电缆桥架及线槽等设备的安装应牢固，如有抗震要求，应按抗震设计进行加固。

（3）接插件的检查

配线模块、信息插座模块及其他连接器件的部件应完整，电气和机械性能等指标符合相应产品生产的质量标准。塑料材质应具有阻燃性能，并应满足设计要求。

信号线路浪涌保护器各项指标应符合有关规定。

光纤连接器件及适配器使用形式和数量、位置应与设计相符。

光纤插座的面板应有明显标志标识发射（TX）和接收（RX），以示区别而便于使用。插座、插排的过压、过流保护的各项性能指标应符合相关标准的规定。

（4）线缆的检验

工程使用的电缆和光缆型号、规格、数量以及线缆的防火等级应符合设计中的规定和合同的要求。

线缆所附标志、标签内容应齐全、清晰，外包装应注明线缆的型号、规格、芯数、线径、盘号和盘长等情况，并与出厂产品质量合格证一致。

线缆外包装和外护套必须完整无损，对缆身应检查外护套是否完整无损，有无压扁或裂纹等现象，如发现上述现象，应做记录，以便抽样测试。

对于双绞线电缆的电气性能测试，可从整批双绞线中，任意取 3 箱双绞线，各截取 100m 端接模块后进行链路性能测试，测试结果应符合用户所需电缆电气性能检验报告；使用性能测试仪，对每箱双绞线进行单端测试，以测出每对双绞线的电气长度，要求在 305m（目前电缆一般以 305m、500m 和 1000m 配盘）附近。如果其中有某一对发现断线，应及时将该箱线送供应商更换。

对于电缆或者光缆有端别要求时，应剥开缆头，分清 A、B 端别，并在电缆或光缆的两端外部分别标记出端别和序号，以便敷设时予以识别。

光缆开盘后应先检查光缆端头封装是否良好。光缆外包装或光缆护套如有损坏，应对该盘光缆进行光纤性能指标测试，如有断纤，应进行处理，待检查合格后方可允许使用。光缆可以使用福禄克测试仪或者其他的光时域反射仪（OTDR）检查其性能。对于没有光时域反射仪的施工现场，也可使用小功率的红色发光源作为照明能源，在另一端用肉眼检查（侧看）。这时应注意光源的能量应足够小，以免伤害眼睛。光纤测试完毕，光缆端头应密封牢固，恢复外包装。

光纤接插软线或光跳线应符合下列规定：

两端的光纤连接器件端面应装配合适的保护盖帽；光纤类型应符合设计要求，并应有明显的标记。

（5）型材、管材与铁件的检验要求

各种型材的材质、规格、型号应符合设计文件的规定，表面应光滑、平整，不得变形（如显著扭曲）、断裂。预埋金属线槽、过线盒、接线盒及桥架等表面涂敷或镀层应均匀、完整，不得变形、损坏。

室内管材采用金属管或塑料管时，其管身应光滑、无伤痕，管孔无变形，管孔内壁光滑，孔径、壁厚应符合设计要求。

金属管槽应根据工程环境要求做镀锌或其他防腐处理。塑料管槽必须采用阻燃管槽，外壁应具有阻燃标记。

室外管道应按通信管道工程验收的相关规定进行检验。

各种铁件的材质、规格均应符合相关质量标准，不得有歪斜、扭曲、飞刺、断裂或破损等缺陷。

铁件的表面处理和镀层应均匀、完整，表面光洁，无脱落、气泡、砂眼、裂纹、针孔和锈蚀斑痕等缺陷，其安装部位与其他结合处也不应有锌渣或锌瘤残存。

（6）测试仪表和工具的检验

应事先对工程中需要使用的仪表和工具进行测试或检查，线缆测试仪表应附有相应检测机构的证明文件。

综合布线系统的测试仪表应能测试相应类别工程的各种电气性能及传输特性，其精度符合相应要求。测试仪表的精度应按相应的鉴定规程和校准方法进行定期检查和校准，经过相应计量部门校验取得合格证后，方可在有效期内使用。

施工工具，如电缆或光缆的接续工具——剥线器、光缆切断器、光纤熔接机、光纤磨光机、卡接工具等必须进行检查，合格后方可在工程中使用。

综合布线系统工程中一些重要且贵重的仪器或者仪表，如光纤熔接机、电缆芯线接续机和切割器等，应建立保管责任制，设专人负责使用、搬运、维修和保管，以保证这些仪器能够正常工作。

根据施工环境和安装工序的不同，施工工具也有不同的类型和品种。例如，建筑群主干布线子系统的线缆敷设属于室外施工，主要有挖掘沟槽的工具，如铁锹、十字镐、电镐等；登高的工具，如梯子、高凳等；牵引线缆工具，如牵引绳索、牵引缆套、滑轮车和电动牵引绞车等；电缆或光缆的接续工具，如剥线器、电缆芯线接续机、光纤磨光机等；安装工具，如射钉枪、切割机、电钻等。在安装施工前应该对上述工具进行清点和检验，否则在施工过程中极有可能因这些工具失效造成人身安全事故或影响施工进程。电动施工工具在施工时，都为带电作业，因此必须详细检查和通电测试，检测这些电动工具的连接软线有无外绝缘护套破损，有无产生漏电的隐患，只有证实确无问题时，才可在工程中使用。

4.编制安装施工进度和施工组织计划

根据综合布线系统工程设计文件和施工图纸的要求，结合施工现场的客观条件、设备器材的供应和施工人员的数量等情况，编制安装施工进度和施工组织设计，力求做到合理有序地进行安装施工。因此，要求安装施工计划必须详细、具体、严密和有序，便于监督实施和科学管理。

在制定施工计划时，应注意与建筑和其他系统的配合等问题。由于综合布线系统的设备、器材及线缆的价格均较昂贵，为了避免在施工现场丢失和损坏，一般宜在建筑的土建工程和室内装修施工的同时或稍后的适当时间安排施工，这样既能确保安装施工顺利进行，也可以减少与上述工程的施工发生矛盾，但应避免彼此脱节。为此，必须注意建筑物和内部装修及其他系统工程的施工进度，必要时可随时修改施工计划，以求密切配合、协作施工，从而保证工程质量和施工进度的顺利进行。

模块 3 通信介质与布线组件

3.1 任务的引入与分析

一、任务 1：选择通信介质

（一）任务引入

根据信息学院信息中心楼网络布线项目的要求，通过选取合适的通信介质，满足工程任务需要。具体任务如下：
①为校园内楼间选择合适的通信介质；
②为信息中心楼楼层之间选择合适的通信介质，并接入因特网；
③为信息中心楼各层楼及房间选择合适的通信介质；

（二）任务分析

根据前面提出的具体任务以及目前市场上通信介质的应用情况，通过对比分析，得出以下结论：校园内楼间选用光纤作为主干网的通信介质；信息中心楼楼层之间作为一个垂直干线子系统，对网络的性能要求较高，而且要求接入因特网，适合选用光纤作为通信介质；信息中心楼各层楼作为一个水平子系统，信息流量较大，适合选用光纤作为通信介质；对于每层楼上的房间，由于所涉及的范围相对较小，适合选用五类非屏蔽双绞线作为通信介质。

二、任务 2：识别选择布线组件

（一）任务引入

本任务就是为书中信息学院信息中心楼的网络布线系统选择适当的布线组件。
①为信息中心楼 5 楼管理间选择合适的机柜、配线架、管件；

②为信息中心楼各层楼的设备间选择合适的机柜、配线架、管件及模块;
③为信息中心楼各层楼内的房间选择合适的机柜、配线架、管件及模块。

(二) 任务分析

在本任务中,每层楼上的房间(水平子系统)布线后集中到该层的设备间内,而楼层之间作为一个垂直子系统,所有的设备间则通过该系统将线缆全部汇聚到网管中心管理间内,管理间是整个信息中心楼的信息交通枢纽。

在完成本任务的过程中,应分别为垂直子系统、水平子系统和管理间子系统选择合适的布线组件,包括机柜、配线架、管件以及相应的模块、面板和底盒等。

3.2 通信介质

连接网络首先要用的东西就是传输线,它是所有网络的最小要求。常见的传输线有四种基本类型:同轴电缆、双绞线、光纤和无线电波。每种类型都满足了一定的网络需要,都解决了一定的网络问题。

一、同轴电缆

(一) 组成及分类

同轴电缆(Coaxial Cable)由一对导体以"同轴的方式构成,一般的同轴电缆共有 4 层,最里层是由铜质导线组成的内芯,外包一层绝缘材料,这层绝缘材料外面环绕着一层密织的网状屏蔽层,用来将电磁干扰屏蔽在电缆之外,最外面是起保护作用的塑料外套,如图 3-1 所示。常用的同轴电缆基本上分为两种:基带同轴电缆和宽带同轴电缆。

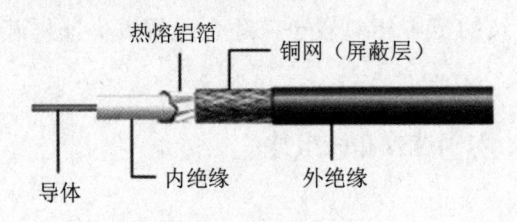

图 3-1 同轴电缆的组成

(二) 参数指标

(1) 主要电气参数
①同轴电缆的特性阻抗;

②同轴电缆的衰减；

③同轴电缆的传播速度；

④同轴电缆直流回路电阻。

（2）主要物理参数

①同轴电缆具有足够的可柔性，能支持 254mm 的弯曲半径；

②中心导体是直径为 2.17mm±0.013mm 的实芯铜线；

③绝缘材料必须满足同轴电缆电气参数；

④屏蔽层由满足传输阻抗和 ECM 规范说明的金属带或薄片组成，屏蔽层的内径为 6.15mm，外径为 8.28mm；

⑤外部隔离材料一般选用 PVC 材料。

二、双绞线

（一）组成及分类

双绞线是综合布线工程中最常用的一种传输介质。双绞线由两根具有绝缘保护层的铜导线组成。把两根绝缘的铜导线按一定密度互相绞在一起，可降低信号干扰的程度，每一根导线在传输中辐射的电波会被另一根线上发出的电波抵消。如果把一对或多对双绞线放在一个绝缘套管中便成了双绞线电缆（图 3-2）。与其他传输介质相比，双绞线在传输距离、信道宽度和数据传输速度等方面均受到一定限制，但价格较为低廉。

图 3-2 双绞线电缆

目前，双绞线可分为屏蔽双绞线和非屏蔽双绞线。

（1）屏蔽双绞线

屏蔽双绞线的结构如图 3-3 所示

两个双绞线对

封套/外壳　铝箔屏蔽层

图 3-3 屏蔽双绞线的结构

（2）非屏蔽双绞线

非屏蔽双绞线的结构如图 3-4 所示。

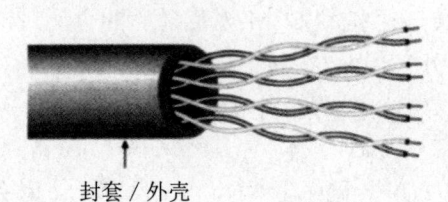

封套/外壳

图 3-4 非屏蔽双绞线的结构

通常，还可以将双绞线按电气性能划分为 3 类、4 类、5 类、超 5 类、6 类双绞线等类型（表 3-1），数字越大、版本越新、技术越先进、带宽也越宽。

表 3-1 双绞线的分类及用途

UTP 类别	最高工作频率（MHz）	最高数据传输率（Mb/s）	主要用途
3 类	16	10	10base-T 网络
4 类	20	16	10base-T 网络
5 类	100	100	10base-T 网络和 100base-T 网络
超 5 类	100	155	10base-T 网络、100base-T 网络和 1000M b/s 的网络
6 类	250	250	1000M b/s 的以太网

（二）性能指标

①衰减；

②近端串扰；

③直流电阻；

④特性阻抗；

⑤衰减串扰比（ACR）；

⑥电缆特性。

（三）常用的双绞线电缆

①5 类 4 对非屏蔽双绞线；

② 5 类 4 对 24AWG100Ω 屏蔽电缆；
③ 5 类 4 对 24AWG 非屏蔽软线。

（四）超 5 类布线系统优点

①提供了坚实的网络基础，可以方便转移、更新网络技术；
②能够满足大多数应用的要求，并且满足低偏差和低串扰总和的要求；
③被认为是为将来网络应用提供的解决方案；
④充足的性能余量，给安装和测试带来方便。

三、光纤

（一）组成及分类

"光纤"是光导纤维的简称，是目前发展和应用最为迅速的信息传输介质。光纤与同轴电缆相似，只是没有网状屏蔽层。中心是传播光束的玻璃芯，它由纯净的石英玻璃经特殊工艺拉制成的粗细均匀的玻璃丝组成。该玻璃芯质地脆，易断裂。

光纤主要分为以下两大类。
①传输点模数类，分为单模光纤和多模光纤（图 3-5）。

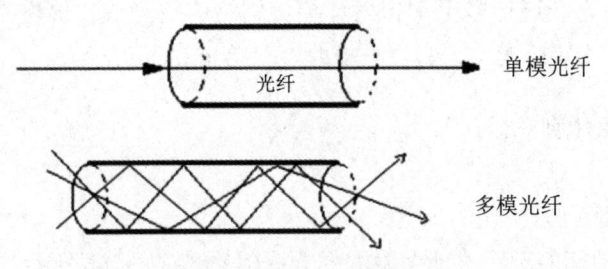

图 3-5 单模光纤和多模光纤

②折射率分布类，分为跳变式光纤和渐变式光纤。

（二）特点

光纤能够提供比铜导线高得多的带宽，传输速率可达几十到几百 Mb／s，其带宽可达 1Gb／s。光纤中光的衰减很小，不受电磁干扰，不受空气中腐蚀性化学物质的侵蚀，光纤安全性很高。另外，光纤体积小、重量轻、韧性好。

（三）连接方式

光纤有三种连接方式：
①可以将它们接入连接头并插入光纤插座；
②可以用机械方法将其接合；

③两根光纤可以被融合在一起形成坚实的连接。

（四）发送和接收

有两种光源可被用作信号源：发光二极管和激光二极管（表 3-2）。

表 3-2　发光二极管和激光二极管的比较

项目	发光二极管（LED）	激光二极管（ILD）
传输速率	低	高
模式	多模	多模或单模
距离	短	长
温度敏感度	较小	较敏感
造价	低	昂贵

（五）接口

目前使用的接口有两种：无源接口和有源中继器。

（六）光纤通信系统及其构成

①优点：传输速率高；抗电磁干扰能力强，重量轻，体积小，韧性好，安全保密性高；传输衰减极小；传输频带宽，通信容量大；线路损耗低，传输距离远；抗化学腐蚀能力强。

②缺点：光纤通信多用于作为计算机网络的主干线；价格昂贵；光纤衔接和光纤分支均较困难，而且在分支时，信号能量损失很大。

四、无线介质

（一）微波

A、B 两地间的远距离地面微波中继通信系统如图 3-6 所示。

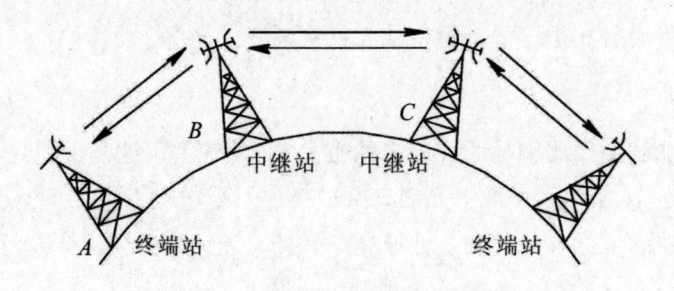

图 3-6　微波中继通信示意图

在微波传输过程中，有不同类型的微波站，如图 3-7 所示。

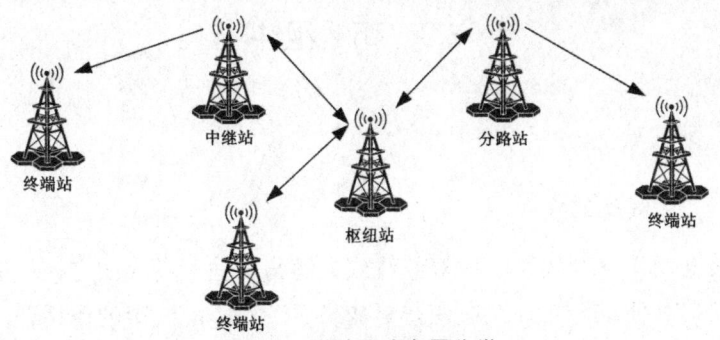

图 3-7 微波网络布局分类

①终端站：只有 1 个传输方向的微波站。

②中继站：具有 2 个传输方向，为了解决微波视通问题，需要增加的微波站。它分为有源中继站和无源中继站两种。

③枢纽站：具有 3 个或 3 个以上传输方向，对不同方向的传输通道进行转接的微波站，或称为 HUB 站。

④分路站：具有 2 个传输方向，因传输业务上下的需要而设立的微波站。

（二）红外系统

（1）点到点红外系统

点到点红外系统如图 3-8 所示。

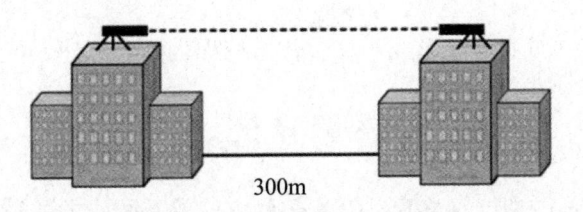

图 3-8 点到点红外系统

（2）广播式红外系统

广播式红外系统如图 3-9 所示。

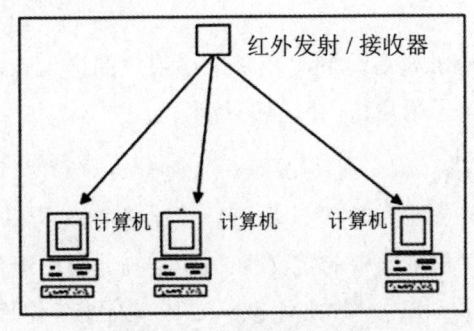

图 3-9 广播式红外系统

3.3 布线组件

一、配线架

（一）配线架的作用

配线架用于终结线缆，为双绞线或光缆与其他设备（如交换机等）的连接提供接口，使综合布线系统变得更加易于管理。配线架的作用是为了使线缆更改更加方便，它们的连接流程是：交换机—配线架—服务器。如果没有配线架，流程为：交换机—服务器。有了配线架，更换线缆的地点就在配线架上了，而不用插拔交换机端口。

（二）配线架的分类

①按照配线架所接线缆的类型分类，在网络工程中常用的有双绞线配线架和光纤配线架，此外还有数字配线架、总配线架。

②按照配线架的端口数进行分类，分为24口配线架、48口配线架等。

③按照常见的电缆配线架系列进行分类，分为RJ45模块化配线架、110配线架。

二、面板、模块与底盒

面板、模块加上底盒形成一套整体，统称为信息插座，但有时信息插座只代表面板。

（一）面板

面板的内部构造、规格尺寸及安装的方法等有较大的差异。信息插座面板用于在信息出口位置安装固定信息模块，常见的有单口、双口型号，也有三口或四口的型号，面板一般为平面插口。

（二）模块

模块是信息插座的核心，同时也是最终用户的接入点，因而模块的质量和安装工艺直接决定了用户访问网络的效率。

1. RJ模块概述

RJ是Registered Jack的缩写，意思是"注册的插座"。在美国联邦通信委员会标准和规章（FCC）中的定义为：RJ是描述公用电信网络的接口。常用的接口有RJ11和RJ45，计算机网络的RJ45是标准8位模块化接口的俗称。在以往的四类、五类、超五类和六类布线中，采用的都是RJ型接口。

2. RJ45 模块简介

RJ45 模块是布线系统中连接器的一种，连接器由插头和插座组成。这两种元件组成的连接器连接于导线之间，以实现导线的电气连续性。RJ45 模块就是连接器中最重要的一种插座。

3. 其他模块介绍

ACO 通信插座系统是 AMP 推出的一种通信插座系统。它采用较独特的设计，也以类似 RJ45 标准模块大小的空间进行端接，这种插座系统由不同的通信接口和插座组成，不仅支持语音、数据应用模块，还支持同轴接口、音频视频接口。

（三）底盒

信息插座在墙上安装时，面板安装在接线底盒上，接线底盒有明装和暗装两种，明装盒只能用 PVC 线槽明铺在墙壁上，这种方式安装灵活但不美观。暗装盒预埋在墙体内，布线时走预埋的线管。底盒的材质一般有塑料材质和金属材质两种，一个底盒安装一个面板，且底盒大小必须与面板制式相匹配。接线底盒内有固定面板用的螺孔，随面板配有将面板固定在接线底盒上的螺丝。底盒都预留了穿线孔，方便安装时使用。

三、机柜

1. 机柜的定义

机柜一般是由冷轧钢板或合金制作的用来存放计算机和相关控制设备的物件，可以提供对存放设备的保护，屏蔽电磁干扰，有序、整齐地排列设备，方便以后维护设备。

2. 机柜的分类

①根据外形区分，分为立式机柜、挂墙式机柜和开放式机柜（图 3-10）。

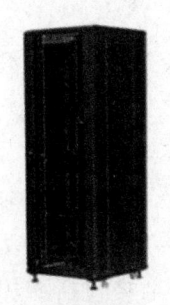

（a）立式机柜　　（b）挂墙式机柜　　（c）开方式机柜

图 3-10　按外形区分

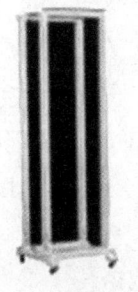

②根据应用对象区分,分为服务器机柜、网络机柜、控制台机柜(图3-11)。

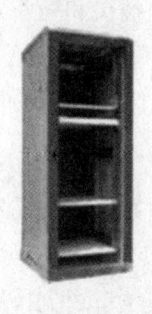

(a)服务器机柜　　(b)网络机柜　　(c)控制台机柜

图 3-11　按应用对象区分

③根据组装方式区分,分为一体化焊接型和组装型两种。

机柜常见的配件有固定托盘、滑动托盘、配电单元、理线架、理线环、L支架、盲板、扩展横梁、安装螺母、键盘托架、调速风机单元、机架式风机单元、全网孔前(后)门、散热边框钢化玻璃前门。

四、管槽

布线系统中除了线缆外,管槽是一个重要的组成部分,可以说,金属槽、PVC槽、金属管、PVC管是综合布线系统的基础性材料。在综合布线系统中主要使用线槽有以下几种情况:金属槽和附件;金属管和附件;PVC塑料槽和附件;PVC塑料管和附件。

3.4　任务实施案例

一、工程线缆选择案例

(一) 选用光纤

从地理位置以及用户需求两方面考虑,决定在校园内的各建筑物之间选用光纤作为主干网的连接介质。由于1、2、3号楼之间的距离相对较近,而1、4号楼之间相对较远,因此从传输距离角度上来考虑,1、2、3号楼之间的布线应选用多模光纤,而1、4号楼之间则选择单模光纤,它的传输距离较远。

学院信息中心楼为本次工程的建设重点,它共有5层,经测量各楼层高为4m,最大数据传输垂直距离为20m。学院信息中心楼包括图书馆、阅览室、网络实训中心、动漫制作中心、网管中心以及12个常用机房,此外每层楼配有一个设备间。根据用户需求，该楼内的网络主要用于各楼层之间、各部门之间的信息传送、交流与沟通；能够接入因特网；网络具有较强的稳定性和安全性。

从具体上讲，各层楼的管理间作为本层信息传送的中心，数据流量较大；而网管中心将全楼的信息进行汇合，负责整个楼的网络调试、运行及维护，数据流量更为可观。针对以上这些情况，为使全楼的网络得到良好的运行，决定采用多模光纤连接整个信息中心楼楼层之间的垂直子系统，并接入因特网。

对于信息中心楼每层楼来说，都配有设备间1间、办公室1间和不同用途的实训室、机房，各层楼房间分布情况类似。现以3楼为例进行介质选择方案的分析。这一层可以看成一个水平子系统，设备间、办公室和机房之间的最大水平距离不超过60m。从用户需求上看，这一层主要用于日常教学、楼层内部网络的日常管理、运行与维护；网络具有较强的稳定性和安全性；网络能够具有可扩充和升级功能。

其余各层的布线环境大致相同。针对以上情况可以看出，每层楼的设备间、办公室和机房之间，数据传输量适中，但对网速要求较高，适于选择多模光纤进行布线。

（二）选用双绞线

对于信息中心楼每层楼的机房来说，一般配有50台左右的计算机，整个机房的最大距离不超过20m。从用户需求上看，机房主要用于日常教学、课程设计以及综合实训；能够具有较高的网速，支持网络广播教学，网络具有较强的稳定性和安全性。针对以上情况可以看出，机房主要作为教学设施来使用，对于用户的需求不高，数据传输量也相对较小，而且布线的范围小，这种环境适于选择非屏蔽双绞线进行布线。

二、工程布线组件选择案例

（一）选用机柜

由于信息中心楼每层楼的信息汇聚点为该层的设备间，在整个楼的垂直子系统上，以网管中心作为信息枢纽，因此在网管中心和每层的设备间内应配有性能较高的1.6m标准网络机柜。

在每个机房内可以选用标准的0.5m立式网络机柜。

(二) 选用配线架

由于信息中心楼楼层间垂直干线子系统中采用了光纤作为主干线,在层间的水平子系统中也采用了光纤进行布线连接,所以在垂直子系统和水平子系统交叉连接的网管中心和各层设备间内,应配有多口型光纤配线架,安装于网络机柜中。

在每个机房内可以选用光纤配线架和 48 口双绞线配线架,安装于标准机柜中,以满足水平干线和机房内 40 台计算机的需求。

(三) 选用管件

在设备间、办公室和机房之间利用 PVC 塑料管槽进行布线,并且安装相应的配套附件,如在房间的拐角处走线时可以选用平三通、左、右三通、阴角、阳角、直转角等连接件。

(四) 模块、接口和面板

在设备间、办公室和机房内适当的位置安装数据接口、RJ 模块接口和信息插座面板。

模块 4　网络综合布线工程施工

4.1　任务的引入与分析

一、任务引入

布线工程的施工准备阶段是完成构建网络系统的重要环节，施工是将设计构想变为现实的过程。施工准备是完成工程施工的基础，这一阶段工作质量的好坏直接决定整个施工的质量及进度，因此如何将施工准备工作做细、做好是本任务的关键所在。

具体施工前的任务是：
① 建立和谐施工环境；
② 熟悉施工图纸；
③ 编制修订施工方案。

二、任务分析

施工前的准备工作相对简单，其主要工作是根据施工图纸和设计方案，结合具体情况将布线的理论与相关的规定相结合，做到"因地制宜"，做好各项施工前的准备工作。

首先，根据工程需要，建立和谐的内外部施工环境，确定好施工项目管理队伍；其次，根据工程设计方案，熟悉施工图纸，了解施工内容，确定布线路线；最后，编制施工方案，检查设备间、配线间，检查管路系统，并准备好施工工具。

4.2　网络综合布线工程施工要点

要将一个优化的综合布线系统设计方案最终在智能建筑中完美实现，工程组织和工程实施是十分重要的环节，再好的网络综合布线系统设计，如果没有好的技术人员进行管理，没有质量把关，没有好的队伍进行施工，那么设计师的设计思想就无法实现，最初设计的链路标准也无法达到。因此，搞好综合布线系统的施工是非常重要的，下面将从几个不同的方面，对综合布线系统的施工进行简单阐述。

一、影响网络综合布线安装成功的因素

影响网络综合布线工程质量的因素很多，但归纳起来主要有5个方面。

（一）人员因素

人员因素主要指项目实施人员的素质，操作人员的理论、技术水平、生理缺陷、粗心大意、违纪违章等。施工时首先要考虑到对人员因素的控制，因为人是施工过程的主体，工程质量受到所有参加工程项目施工的工程技术干部、操作人员、服务人员的影响，他们是影响工程质量的主要因素。首先，应提高他们的质量意识。施工人员应当树立五大观念，即质量第一的观念、预控为主的观念、为用户服务的观念、用数据说话的观念以及社会效益、企业效益（质量、成本、工期相结合）、综合效益观念。其次，应提高他们的素质。项目管理人员、技术人员素质高，决策能力就强，就有较强的质量规划、目标管理、施工组织和技术指导、质量检查能力，管理制度完善，技术措施得力，工程质量就高；操作人员应有精湛的技术技能、一丝不苟的工作作风，严格执行质量标准和操作规程的法制观念；服务人员应做好技术和生活服务，以出色的工作质量，间接地保证工程质量。提高人的素质，可以依靠质量教育、精神和物质激励的有机结合的方式，也可以靠培训和优选，进行岗位技术练兵。

（二）工程材料

材料（包括电缆、光缆、网络配件、辅材等）是网络工程施工的物质条件，材料质量是网络工程质量的基础，材料质量不符合要求，网络工程质量也就不可能符合标准。所以加强材料的质量控制，是提高网络工程质量的重要保证。影响材料质量的因素主要是材料的成分、物理性能、化学性能等。

材料控制的要点有：

①优选采购人员，提高他们的政治素质和质量鉴定水平，挑选那些有一定专业知识、忠于事业的人担任该项工作；

②掌握材料信息，优选供货厂家；

③合理组织材料供应，确保正常施工；

④加强材料的检查验收，严把质量关；

⑤抓好材料的现场管理，并做到合理使用；

⑥搞好材料的试验、检验工作。

据有关资料统计，工程中材料费用占总投资的70%或更多，正因为这样，一些承包商在拿到工程后，为谋取更多利益，不按工程技术规范要求的品种、规格、技术参数等采购相关的成品或半成品，或因采购人员素质低下，对其原材料的质量不进行有效控制，放任自流，从中收取回扣和好处费。还有的企业没有完善的管理机制和约束机制，无法杜绝不合格的假冒伪劣产品及原材料进入工程施工中，给工程留下质量隐患。科学技术高度发展的今天，为材料的检验提供了科学的方法。国家在有关施工技术规范中对其进行了详细的介绍，实际施工中只要我们严格执行，就能确保施工所用材料的质量。

（三）机械设备

施工阶段必须综合考虑施工现场条件、建筑结构形式、施工工艺和方法、建筑技术经济等，合理选择机械的类型和性能参数，正确地操作机械设备。操作人员必须认真执行各项规章制度，严格遵守操作规程，并加强对施工机械的维修、保养和管理。

（四）工艺方法

施工过程中的方法包含整个建设周期内所采取的技术方案、工艺流程、组织措施、检测手段、施工组织设计等。施工方案正确与否，直接影响工程质量控制能否顺利实现，实际工作中往往由于施工方案考虑不周而拖延进度、影响质量、增加投资。为此，制定和审核施工方案时，必须结合工程实际，从技术、管理、工艺、组织、操作、经济等方面进行全面分析、综合考虑，力求方案技术可行、经济合理、工艺先进、措施得力、操作方便，有利于提高质量、加快进度、降低成本。

（五）环境条件

影响工程质量的环境因素较多，有工程地质、水文、气象、噪声、通风、振动、照明、污染等。环境因素对工程质量的影响具有复杂而多变的特点，如气象条件就变化万千，温度、湿度、大风、暴雨、酷暑、严寒都直接影响工程质量，往往前一工序就是后一工序的环境，前一分项、分部工程也就是后一分项、分部工程的环境。因此，根据工程特点和具体条件，应对影响质量的环境因素，采取有效的措施并加以控制。

此外，在网络测试中对环境的温度、湿度提出了具体的要求，应按照要求进行相关项目的测试。

二、施工过程

施工过程可分为4个阶段,即施工准备、施工、调试开通和竣工验收阶段。

(一) 施工准备阶段

学习掌握相关的规范和标准,严格遵守安装工程施工及验收规范和所在地区的安装工艺标准及当地有关部门的各项规定。项目应遵守的规定主要有《光缆总规范》(GB/T7424.2—2008)、《综合布线系统工程设计规范》(GB50311—2016)、《综合布线系统工程验收规范》(GBT50312—2016)、《商用建筑电信通道和空间标准》(ANSI/TIA/EIA-569)。

做好施工现场的勘察工作,包括走线路由,并且考虑管路和线槽的隐蔽性,坚持对建筑物的破坏最小等原则,在利用现有空间的同时避开电源线路、空调管路、水管管路,对线缆做必要和有效的保护措施,对现场施工的可行性和工作量做出切合实际的判断和度量。

指定工程负责人和工程监理人员,负责规划备料、备工、用户方配合要求等方面事宜,提出各部门配合的时间表,负责内外协调和施工组织与管理。开工前的准备工作主要有下列几项。

①熟悉和审查图纸,包括学习图纸,了解图纸设计意图,掌握设计内容和技术条件,会审图纸后形成纪要,由设计、建设、施工三方共同签字,作为施工图的补充技术文件。核对土建与安装图纸之间有无矛盾和错误,明确各专业之间的配合关系。

②准备施工用的材料,包括钢管、管接头、膨胀螺栓、桥架、桥架弯头、吊筋等材料。线缆、光纤、配线架、模块、面板等材料可以等到管路敷设进行到2/3时再进场。

③安排施工队长组织施工队伍,并配备相应的电动工具和常用工具。

④制定施工进度表。

⑤向工程建设单位提交开工报告。

(二) 施工阶段

施工阶段包括敷设主桥架、墙面开槽、敷设管路、墙面凿眼、安装86墙盒、穿线、打模块、安装机柜、打配线架等工作。在穿线的过程中,做好线缆的原始记录。

现场认证测试,打印测试报告。比较典型的测试仪有FLUKE4300测试仪,利用该测试仪可以进行多达十几项的线缆认证测试,是检测整个链路施工是否符合标准最重要的手段之一。

制作布线标记。布线的标记系统要遵循 ANSI/TIA/EIA-606 标准,标记要有十年以上的保用期。传统的标记采用口取纸作为标签,然后由施工人员用圆珠笔或钢笔书写。传统标记的缺点:①保用期很短,随着时间的增长,墨迹会慢慢褪去,最终模糊不清,无法辨认;②口取纸的黏性会随着时间的增长而失效,久而久之会脱落,业主或者信息管理员也就无法查询信息点的标号了;③施工人员文化水平等方面的因素,导致书写的字体不规范,而且书写的标签纸的数量又很大,往往字迹潦草、无法辨认,不利于业主后期维护工作的进行。所以,建议工程公司或者总包单位,采用正规的标签机打印标签纸,保证标签的寿命,便于业主对布线系统进行维护。

施工结束时的几项重要工作有:
①清理施工现场,保持现场清洁、卫生;
②对墙洞、竖井等交接处进行修补;
③汇总各种剩余材料、集中放置,并登记数量。

(三) 调试开通阶段

调试开通阶段主要是网络设备安装、调试和设备的试运行阶段,如果施工单位并没有承办网络设备的采购和安装工程,该阶段可以配合承办单位实施。

(四) 竣工验收阶段

在上述各环节中必须建立完善的施工文档和竣工文档,作为验收的一部分。一般施工单位都要为业主提供几套综合布线系统的系统图和各楼层的竣工图。竣工时,组织的书面材料主要有:
①开工报告;
②竣工图;
③变更签证;
④测试报告;
⑤验收报告。

竣工验收由建设方、综合布线施工单位、监理公司、检测部门进行多方验收。

4.3 网络综合布线工程施工前的准备

施工前的准备工作是综合布线系统工程顺利进行的重要保证,是一个非常重要的阶段。

一、工程施工基本要求

综合布线系统工程安装施工，须按照《综合布线系统工程验收规范》（GB50312—2016）中的有关规定进行安装施工，也可以根据工程设计要求办理。

智能化小区的综合布线系统工程中，其建筑群主干布线子系统部分的施工，与本地电话网线有关，因此，安装施工的基本要求应遵循我国通信行业标准《本地电话网用户线线路工程设计规范》（YD5006—2003）等标准中的规定。

综合布线系统工程中所用的缆线类型和性能指标、布线部件的规格以及质量等均应符合我国通信行业标准《大楼通信综合布线系统第1～3部分》（YD/T926.1—2009、YD/T926.2—2009、YD/T926.3—2009）等规范或设计文件的规定。工程施工中，不得使用未经鉴定合格的器材和设备，应按照规范要求进行综合布线工程施工质量检查、随工检验和竣工验收。建设单位应通过工程监理人员或工地代表严格进行工程技术监督，及时组织隐蔽工程的检验和签证工作。

大项目应成立工程项目部，由项目部负责工程的整体实施、规划和协调工作，根据实际的需求和资金的投入，确保工程进度、质量以及按照工程施工规范要求负责与其他工程之间的协调，做好材料、设备的采购及发放管理工作。

做好项目跟踪报告和项目文档的管理，所有文件均应当使用国际计量单位制。工程中所提交的全部文件和图纸均应清晰、完整，并按综合布线标准和有关建筑标准制作。

文明、安全施工。施工中须戴安全帽，身穿工作服。使用电源时，应按照《电气装置安装工程施工及验收规范》中的标准执行，严禁随意搭线和安全通道相交架设，防止火灾隐患。

综合布线系统工程施工应与土建施工配合，做好预留孔洞，在浇铸混凝土前将管路、接线盒和配线柜的基础安装部分预埋好。表面辐射工程应配合土建和装饰工作，力求统一进度。

工程完毕后，应做好布线工程所涉及的线缆及器件的测试工作，应按照规范执行。

二、施工前的环境条件和施工准备

在对综合布线系统的缆线、工作区的信息插座、配线架及所有连接器件安装施工之前,首先要对土建工程,即建筑物的安装现场条件进行检查,在符合《综合布线系统工程验收规范》(GB50312—2016)和设计文件相应要求后,方可进行安装。

(一) 概述

综合布线系统设备的安装应考虑工作区、交接间、设备间及进线间在内的环境条件,除了要适应配线缆线和连接器件的安装要求外,如果与其他机房合建还应满足终端设备、计算机网络设备、电话交换机、传输设备及各种接入网设备等的安装要求。综合布线系统设备不应在温度高、灰尘多、有害气体存在、易爆等场所进行安装,还应避开有振动和强噪声、高低压变配电及强电干扰严重的场所。

综合布线系统对建筑、结构、采暖通风、供电、照明等工种及预埋管线等的配合要求,一般由建筑专业人员承担设计,弱电设计人员应该提出比较详细的布线系统安装环境要求,如室内的净高、地面荷载、缆线出入孔洞位置及大小、室内温湿度要求条件等。

如果综合布线系统设备安装在旧房屋内,一般可以根据具体情况,在保证综合布线质量的前提下,可适当降低对房屋改建的要求。

除此之外,房屋设计还应符合环保、消防、人防等规定。

(二) 房间一般要求

综合布线系统应取得不小于规范规定面积的交接间和设备间以安装配线设备,如考虑安装其他弱电系统设备时,建筑物还应为这些设备预留机房面积。

在工业与民用建筑安装工程中,综合布线施工与主体建筑有着密切的关系。例如,配管、配线及配线架或配线柜的安装等都应在土建施工过程中密切配合,做好预留孔洞的工作。这样既能加快施工进度又能提高施工质量,既安全可靠,又整齐美观。

对于钢筋混凝土建筑物的暗配管工程,应当在浇灌混凝土前(预制板可在敷设后)将一切管路、接线盒和配线架或配线柜的基础安装部分全部预埋好,其他工程则可以等混凝土干涸后再施工。表面敷设(明设)工程,也应在配合土建施工时装好,避免以后过多地凿洞破坏建筑物。对不损害建筑的明设工程,可在抹灰工作及表面装饰工作完成后再进行施工。

在安装工程开始以前,应对交接间、设备间的建筑和环境进行检查,具备下列条件方可开工。

①交接间、设备间、工作区土建工程已全部竣工。房屋地面平整、光洁，门的高度和宽度应不妨碍设备和器材的搬运，门锁和钥匙齐全。

②房屋预留地槽、暗管、孔洞的位置、数量、尺寸均应符合设计要求。

③设备间敷设的活动地板应符合国家标准《计算机机房用活动地板技术条件》（GB6650—1986），地板板块敷设严密坚固，每平方米水平允许偏差不应大于2mm，地板支柱牢固，活动地板防静电措施的接地应符合设计和产品说明书要求。

④交接间和设备间应提供可靠的施工电源和接地装置。

⑤交接间和设备间的面积，环境温度、湿度均应符合设计要求和相关规定。

交接间安装有源设备（集线器等设备），设备间安装计算机、交换机、维护管理系统设备及配线装置时，建筑物及环境条件应按上述系统设备安装工艺设计要求进行检查。交接间、设备间设备所需要的交直流供电系统，由综合布线设计单位提出要求，在供电单项工程中实施。安装工程除和建筑工程有着密切关系需要协调配合外，还和其他安装工程，如给排水工程、采暖通风工程等有着密切关系。施工前应做好图纸会审工作，避免发生安装位置的冲突；互相平行或交叉安装时，要保证安全距离的要求，不能满足时，应采取保护措施。该保护措施主要有以下几项。

①所有建筑物构件的材料选用及构件设计，应有足够的牢固性和耐久性，要求防止尘砂的侵入、存积和飞扬。

②房屋的抗震设计裂度应符合当地的要求。

③房间的门应向走道开启，门的宽度不宜小于1.5m；窗应按防尘窗设计；屋顶应严格要求，防止漏雨及掉灰。

④设备间的各专业机房之间的隔墙可以做成玻璃隔断，以便维护；房屋墙面应涂浅色不易起灰的涂料或无光油漆。

⑤地面应满足防尘、绝缘、耐磨、防火、防静电、防酸等要求。

（3）交接间与设备间安装配线设备时对房屋的要求

房屋的最低高度和地面荷载与配线设备的形式有很大的关系。

地面与墙体的孔洞、地槽沟应和加固的构件结合，充分注意施工的方便。

（4）电缆进线室要求

电缆进线室位于地下室或半地下室时，应采取通风措施，地面、墙面、顶面应有较好的防水和防潮性能。

（5）环境要求

温度、湿度要求：温度为10℃～30℃，湿度为20%～80%。温度、湿度的过高和过低，均易造成缆线及器件的绝缘不良和材料的老化。

地下室的进线室应保持通风，排风量应按每小时不小于5次换气次数计算。

给水管、排水管、雨水管等其他管线不宜穿越配线机房，应考虑设置手提式灭火器和设置火灾自动报警器。

（6）照明、供电和接地

照明宜采用水平面一般照明，照度可为75～100lx，进线室应采用具有防潮性能的安全灯，灯开关装于门外。

工作区、交接间和设备间的电源插座应为220V单相带保护的电源插座，插座接地线从380V/220V三相五线制的PE线引出。部分电源插座应根据所连接的设备情况，考虑采用UPS的供电方式。

综合布线系统要求在交接间设有接地体，如果采用单独接地，接地体的电阻值不应大于4Ω；如果采用联合接地，接地体的电阻值不应大于1Ω，接地体主要提供给以下场合使用：

①配线设备的走线架，过压与过流保护器及告警信号的接地；

②进局缆线的金属外皮或屏蔽电缆的屏蔽层接地；

③机柜（机架）屏蔽层接地。

三、设备、器材、仪表和工具的检查

（一）配线、机柜设备的检查

光、电缆配线设备的型号、规格应符合设计要求。

光、电缆配线设备的编排及标志名称应与设计相符。各类标志名称应统一，标志位置正确、清晰。

各部件应完整，安装就位，标志齐全。

安装螺丝必须拧紧，面板应保持在一个平面上。

机柜、机架安装位置应符合设计要求，垂直偏差度不应大于3mm。

机柜、机架上的各种零件不得脱落或碰坏，漆面不应有脱落及划痕，各种标志应完整、清晰。

机柜、机架、配线设备箱体、电缆桥架及线槽等设备的安装应牢固，如有抗震要求，应按抗震设计进行加固。

（二）接插件的检查

配线模块、信息插座模块及其他连接器件的部件应完整，电气和机械性能等指标符合相应产品生产的质量标准。塑料材质应具有阻燃性能，并应满足设计要求。

信号线路浪涌保护器各项指标应符合有关规定。

光纤连接器件及适配器使用型号和数量、位置应与设计相符。

(三) 线缆的检验

工程使用的电缆和光缆型号、规格及缆线的防火等级应符合设计要求。缆线所附标志、标签内容应齐全、清晰，外包装应注明型号和规格。

缆线外包装和外护套需完整无损，当外包装损坏严重时，应测试合格后再在工程中使用。电缆应附有本批量的电气性能检验报告，施工前应进行链路或信道的电气性能及缆线长度的抽验，并做测试记录。

光缆开盘后应先检查光缆端头封装是否良好。光缆外包装或光缆护套如有损伤，应对该盘光缆进行光纤性能指标测试，如有断纤，应进行处理，待检查合格才允许使用。光纤检测完毕，光缆端头应密封固定，恢复外包装。

光纤接插软线或光跳线检验应符合下列规定：

①两端的光纤连接器件端面应装配合适的保护盖帽；

②光纤类型应符合设计要求，并应有明显的标记。

(四) 型材、管材与铁件的检验要求

各种型材的材质、规格、型号应符合设计文件的规定，表面应光滑、平整，不得变形、断裂。预埋金属线槽、过线盒、接线盒及桥架等表面涂覆或镀层应均匀、完整，不得变形、损坏。

室内管材采用金属管或塑料管时，其管身应光滑、无伤痕，管孔无变形，孔径、壁厚应符合设计要求。

金属管槽应根据工程环境要求做镀锌或其他防腐处理。塑料管槽必须采用阻燃管槽，外壁应具有阻燃标记。

室外管道应按通信管道工程验收的相关规定进行检验。

各种铁件的材质、规格均应符合相应质量标准，不得有歪斜、扭曲、飞刺、断裂或破损。铁件的表面处理和镀层应均匀、完整，表面光洁，无脱落、气泡等缺陷。

(五) 测试仪表和工具的检验

应事先对工程中需要使用的仪表和工具进行测试或检查，线缆测试仪表应附有相应检测机构的证明文件。

综合布线系统的测试仪表应能测试相应类别工程的各种电气性能及传输特性，其精度符合相应要求。测试仪表的精度应按相应的鉴定规程和校准方法进行定期检查和校准，经过相应计量部门校验取得合格证后，方可在有效期内使用。

施工工具，如电缆或光缆的接续工具（剥线器、光缆切断器、光纤熔接机、光纤磨光机、卡接工具等）必须进行检查，合格后方可在工程中使用。

4.4 网络综合布线工程施工过程中应注意的问题

一、综合布线施工中应当注意的问题

①在综合布线系统中，水平线缆的管路尽量采用钢管，主干线缆的敷设尽量采用桥架，然后在施工的过程中，做好钢管与钢管之间、钢管与桥架之间、桥架与桥架之间的接地跨接工作。这样的管路，我们再将非屏蔽线缆和大对数线缆敷设其中，可起到有效的屏蔽作用，减少外界干扰对综合布线系统信号传输的影响，弥补非屏蔽布线系统的不足。

②在安装线槽时应多方考虑，尽量将线槽安装在走廊的吊顶内，并且去各房间的支管应适当集中至检修孔附近，便于维护。由于楼层内最后吊顶的总是走廊，所以集中布线施工只要赶在走廊吊顶前即可，不仅减少布线工时，还利于已穿线缆的保护，不影响房内装修。一般走廊处于中间位置，布线的平均距离最短，节约线缆费用，提高综合布线的性能（线越短，传输的品质越高），尽量避免线槽进入房间，否则不仅费线，而且影响房间装修，不利以后的维护。

③当电缆在两个终端有多余的电缆时，应该按照需要的长度将其剪断，而不应将其卷起并捆绑起来。

④电缆的接头处反缠绕开的线段的距离不应超过2cm。过长会引起较大的近端串扰。在进行认证测试的时候，近端串扰就无法通过了。

⑤在接头处，电缆的外保护层需要压在接头中而不能在接头外。因为当电缆受到外界的拉力时，受力的是整个电缆，否则受力的是电缆和接头连接的金属部分，会使接头和模块之间端接不牢靠。

⑥在电缆接线施工时，电缆的拉力是有一定限制的，一般为88N左右。请和电缆的供应商确认其拉力。过大的拉力会破坏电缆对绞的匀称性。

⑦固定工作区的信息面板时，一定要用面板自带的平头螺丝进行安装，如果自带的螺丝与接线盒之间不匹配（英制和公制），必须更换螺丝的话，也一定要选择平头的螺丝，严禁采用自攻丝代替，因为自攻丝可能碰到线缆，造成线缆短路。

⑧有些施工工人在做条线的时候,并不是按照568A或者568B的打线方法进行打线的,而是按照1、2线对打白色和橙色,3、4线对打白色和绿色,5.6线对打白色和蓝色,7、8线对打白色和棕色,这样的条线在施工的过程中能够保证线路畅通,但它们的线路指标却很差,特别是近端串扰指标特别差,会导致严重的信号泄漏,造成上网困难和间接性中断。因此,项目经理一定要提醒制作工人不要犯这样的错误。

⑨施工现场要有技术人员监督、指导。为了确保传输线路的工作质量,在施工现场要有参与该项工程方案设计的技术人员进行监督、指导。

⑩标记一定要清晰、有序。清晰、有序的标记会给下一步设备的安装、调试工作带来便利,以确保后续工作的正常进行。

⑪对于已敷设完毕的线路,必须进行测试检查。线路的畅通无误是综合布线系统正常可靠运行的基础和保证,测试检查是线路敷设工作中不可缺少的一项工作。测试检查工作主要测试线路的标记是否准确无误、检查线路的敷设是否与图线一致等。

⑫必须敷设一些备用线。备用线的敷设是必要的,其原因是,在敷设线路的过程中,由于种种原因难免会使个别线路出问题,备用线的作用就在于它可及时、有效地代替这些出问题的线路。

⑬高低压线必须分开敷设。为保证信号、图像的正常传输和设备的安全,要完全避免电涌干扰,要做到高低压线路分管敷设,高压线需使用铁管;高低压线应避免平行走向,如果由于现场条件只能平行时,其间隔应保证按规范的相关规定执行。

二、大对数线缆的线序

在实际的施工中,经常会碰到25对或者100对大对数线缆的线序问题,不容易分清,下面对线缆的线序问题进行简单的说明。

(一)以25对线缆为例说明

线缆有5个基本颜色,顺序为白、红、黑、黄、紫,每个基本颜色里面又包括5种颜色,顺序分别为蓝、橙、绿、棕、灰,即所有的线对(1~25)的排序为白蓝、白橙、白绿、白棕、白灰……紫蓝、紫橙、紫绿、紫棕、紫灰。

(二)以100对线缆为例说明

100对线缆里面用蓝、橙、绿、棕4色的丝带分成4个25对分组,每个分组再按25对线缆的方式相互缠绕,我们就可以区分出100条线对。

这样,我们就可以一一对应地打在110配线架的端子上,只要在管理间和设备间都采用同一总打线顺序，然后做好线缆的标识工作，就可以方便地用来传输电话了。

4.5 网络综合布线工程收尾工作

网络综合布线工程收尾工作主要是对施工现场的清理、施工成果的保持和施工资料的收集。

一、施工现场的清理

清理施工现场，不把施工的残余物遗留在现场，保持施工现场的清洁、美观。天花板的盖板要恢复到原位，桥架的盖板要盖好。防静电地板要恢复到原位。机柜面板要关好，并把机柜钥匙交由专人负责等。

二、施工成果的保持

每日巡查施工现场，及时制止对施工成果的破坏，阻止对施工材料的偷盗行为，发现施工成果被破坏以后要及时恢复。

二、施工资料的收集

做好施工资料的收集工作，主要的施工资料有：
①开工报告；
②电缆、光缆合格证；
③布线施工图；
④隐蔽工程记录；
⑤施工过程报告；
⑥测试报告；
⑦交工报告。

模块 5 　光缆布线施工技术

5.1 　任务的引入与分析

一、任务引入

虽然光缆与电缆同是通信线路的传输介质，但因为它们所选材质、工作原理有着根本的区别，因此其安装施工的要求自然大相径庭。在实际施工中，光缆的安装施工要求要高于电缆。光缆布线常见于大中型网络的建筑群布线和建筑物内部的垂直主干布线，也可见于服务器机房内的网络布线。

二、任务分析

光缆施工大致分为以下几步。

1. 光缆施工前的准备

①检查设计资料、原材料、施工工具和器材是否齐全。

②对工程所用的光缆、光纤连接器及配线设备等进行检验。

2. 路由工程

①光缆敷设前首先要对光缆经过的路由做认真勘察，了解当地道路建设和规划。

②画路径施工图。

3. 光缆敷设

光缆敷设包括建筑物内的光缆敷设和建筑群的光缆敷设。

4. 光缆接续

采用光纤互连装置和熔接等方式对光缆接续。

5.2 光缆施工的基础知识

光缆（Optical Fiber Cable）是为了满足光学、机械或环境的性能规范而制造的，它是利用置于包覆护套中的一根或多根光纤作为传输媒质并可以单独或成组使用的通信线缆组件。光缆主要由光导纤维（细如头发的玻璃丝）和塑料保护套管及塑料外皮构成，光缆内没有金、银、铜铝等金属，一般无回收价值。光缆是一定数量的光纤按照一定方式组成缆芯，外包有护套，有的还包覆外护层，用以实现光信号传输的一种通信线路，即由光纤（光传输载体）经过一定的工艺而形成的线缆。光缆的基本结构一般由缆芯、加强钢丝、填充物和护套等几部分组成，另外根据需要还有防水层、缓冲层、绝缘金属导线等构件。

一、光缆施工的基础知识

光纤是通过石英光导纤维来传播信号的。由于光缆中的纤芯是由石英玻璃制成的，容易破碎。施工人员操作不当，石英玻璃碎片会扎伤人；光纤连接不好或断裂，会使人遭受光波辐射，伤害眼睛。因此在光缆施工时，有许多特殊要求。

经过严格训练的施工人员，也必须严格遵守下列操作程序：

①施工人员在进行光纤接续或制作光纤连接器时，必须佩戴眼镜和手套，穿上工作服；

②光纤工作区域应干净、安排有序、照明充足，并且配备瓶子和其他适宜的容器，供装破碎或零星光纤碎屑使用；

③绝不允许用眼睛观看连接已通电设备的光纤及其连接器，更不能使用光学仪器去观看这些光纤连接器；

④维护人员在光纤传输系统的维护工作中，只有在断开所有光源的情况下才能进行操作。

二、光缆的施工过程

在建筑物中，凡是敷设电缆的地方均能敷设光缆。例如，在垂直子系统中，可敷设在弱电间内。敷设光缆的许多工具和材料也与敷设电缆的相似。但是，两者之间也有如下的重要区别。

①光纤的纤芯是石英玻璃的，非常容易破碎。因此在施工弯曲时，绝不允许超过最小的弯曲半径。

②光纤的抗拉强度比铜线小。因此在操纵光缆时，不允许超过各种类型

光缆的拉力强度。

③如果在敷设光缆时违反了弯曲半径和抗拉强度的规定，则会引起光缆内光纤纤芯的石英玻璃破碎，致使光缆不能使用。

④为了满足弯曲半径和抗拉强度，在施工的时候，光缆通常绕在卷轴上，而不会放在纸板盒中。为了使卷轴转动以便拉出光缆，该卷轴可装在专用的支架上。光缆的弯曲半径至少应为光缆外径的15倍（指静态弯曲，动态弯曲要求不小于30倍）。

请记住，放线要从卷轴的顶部开始去牵引光缆，而且要缓慢而平稳地牵引，而不要急促地抽拉光缆。

用线（绳子）将光缆系在管道或线槽内的牵引绳上，再牵引光缆。用什么方式来牵引将依赖于作业的类型、光缆的重量、布线通道的质量（在有尖拐角的管道中牵引光缆就比在直的管道中牵引光缆困难）以及管道中其他线缆的数量。

在光缆敷设好以后还有很多工作要做。首先，光缆必须要连接在一起，通常是在设备间和楼层配线间中进行连接（交连和互连）的。

光缆光纤和电缆导线的接续方式不同。铜芯导线的连接操作技术比较简单，不需较高技术和相应设备，这种连接是电接触式的，各方面要求均低。光纤的连接就比较困难，它不仅要求连接处的接触面光滑平整，且要求两端光纤的接触端中心完全对准，其偏差极小，因此技术要求较高，且要求有较高新技术的接续设备和相应的技术力量，否则将使光纤产生较大的衰减而影响通信质量。我们可以利用光纤互连装置（LIU）、光纤耦合器、连接器面板等来建立模块化的连接，有时在进行光纤连接时还要完成光纤的接续工作。

当光纤敷设和光纤连接完成后，通过性能测试来检验整体通道的有效性。当整体通道满足要求后，对所有的连接加上标签。

二、光缆施工的准备工作，一般要求

（一）光缆施工的准备工作

光缆施工的准备工作主要包括光缆布线材料的检验、确定光缆敷设方法以及确定施工计划等。

1. 光缆布线材料的检验

（1）光缆类型的检验

①工程所用的光缆规格、型号、数量应符合设计的规定和合同要求。

②光缆所附标记、标签内容应齐全和清晰，包括光缆生产单位、产品合

格证明、生产日期、有关认证标志及性能抽查情况等。

③光缆外护套需完整无损，光缆应附有出厂质量检验合格证。若用户要求，应附有本批光缆的性能检验报告。

（2）光缆质量性能检验

①剥开光缆头，对有 A、B 端要求的，应容易识别端别；应在光缆末端标出类别和序。

②光缆开盘后，应先检查光纤有无断点、压痕等，光缆外观有无损伤，光缆端头封装是否良好。

③检查光缆中每根光纤的连通性。最简单的办法是用手电筒对光纤的一端进行照射，从光纤的另一端应能看到有光射出，而且所有光纤射出的光强要一致。若其中某一根光纤的光强较弱，则说明该光纤的连通性不好。当连通性差的光纤数多于设计要求的冗余光纤数时，被测光缆不能用于本次光缆布线工程。

④当本工程采用 62.5/125μm 或 50/125μm 渐变折射型多模光缆和 8.3/125μm 突变型单模光缆时，现场检验应测试光纤衰减常数和光纤长度。

光纤衰减常数：宜采用光时域反射仪进行测试。测试结果若超出标准或与出厂测试数值相差太大，应用光功率计测试，并将光功率计测试结果与光时域反射仪测试结果加以比较，判定是测试误差还是光纤本身损耗过大。

长度测试：要求对每根光纤进行测试，测试结果应与盘标长度一致。如果在同一盘光缆中，光纤长度差异较大，则应从另一端进行测试或做通光检查，以判断是否存在断纤现象。

（3）光纤跳线（光纤接插软线）的检验

①光纤跳线应具有经过防火处理的光纤保护包皮，两端的活动连接器（活接头）端面应装配有合适的保护盖帽。

②每根光纤跳线都应有产品检验合格证：有明显的标记，标有光纤的类型、长度及插入损耗数值（Insertion Loss）。

（4）光纤连接硬件的检验

①光纤连接硬件的型号、规格和数量应与设计相符。

②光纤插座面板应标有明显的发射（TX）和接收（RX）标记。

（5）配线设备的检验

①光缆交接设备的信号、规格应符合设计要求。

②光缆交接设备的编排及标记名称应与设计相符。各类标记名称应统一，标记位置正确、清晰。

2.确定光缆敷设方法

主要强调光缆的现场敷设方法及工艺。根据综合布线的网络设计方案来决定光缆的敷设方法,主要有以下几种。

①智能建筑、智能小区等与因特网连接,即 LAN 与 WAN 或 MAN 之间的连接,通常采用传输距离远的单模光缆作为传输介质,其敷设方式宜采用地下管道或光缆沟敷设方式。

②智能小区内建筑物之间的连接,可以认为是 LAN 与 LAN 之间的连接,所采用的光缆多为多模光缆,也可根据距离远近采用单模光缆。其敷设方式主要采用电缆管道或光缆沟敷设方式。

③建筑物中的垂直子系统,所采用的光缆多为多模光缆,其敷设方式主要采用电缆桥架方式。

④全光纤网中的水平子系统,所采用的光缆多为多模光缆,其敷设方式主要采用直埋线缆方式,或者管道方式,或者电缆桥架方式。

(二)光缆施工的一般要求

光缆施工与铜缆施工之间的重要区别主要有两点:
①光缆的纤芯是石英玻璃制成的,非常容易折断;
②光纤的抗拉强度比铜缆小。

因此在进行光缆施工的过程中,基本的布放应注意以下要求。

1.光缆布放要求

必须在施工前对光缆的端别予以判断,并确定 A、B 端,A 端应是网络枢纽的方向,B 端应是用户端,敷设方向应与端别保持一致。

根据施工现场的光缆情况,结合工程实际,合理配盘与光缆敷设顺序相结合,充分利用光缆的盘长,在施工中宜整盘敷设,减少中间接头,不得任意切断光缆,造成浪费。管道光缆的接头位置应避开繁忙路口或有碍人们工作和生活的地方,直埋光缆的接头位置宜安排在地势平坦和地基稳固地带。

光缆接续人员须经过严格培训,取得岗位合格证才能上岗操作。

在装卸光缆盘作业时,应使用叉车或吊车,严禁将光缆盘直接从车上推落到地,这样不仅会造成光缆盘的损坏,同时会发生安全事故。

光缆在搬运及储存时应保持缆盘竖立,严禁将缆盘平放或叠放。在光缆盘的运输过程中,应将光缆固定牢固。车辆在行进过程中宜缓慢,注意安全,防止发生事故。

不论在建筑物内或建筑群间敷设光缆,应占用单独的管道管孔。如果利用原有管道和铜缆合用,应在管孔中穿放塑料子管,塑料子管的内径应为光缆外径的 1.5 倍，光缆在塑料子管中敷设，不应与铜缆合用同一子管。在建筑物内，光缆与其他弱电系统的线缆平行敷设时，应保持一定间距分开敷设，并固定捆扎，各缆线间的最小净距应符合设计要求。

遵守最小弯曲半径要求，最好以直线方式敷设。如需拐弯，光缆的弯曲半径在静止状态时至少应为光缆外径的 10 倍，在施工过程中至少应为 20 倍。

光缆布放时要遵守最大拉力限制。光纤的抗拉强度比铜缆小，因此布放光缆时，不允许超过各种类型光缆的拉力强度。如果在敷设时违反了弯曲半径和抗拉强度的规定，则会引起光缆内光纤断裂，致使光缆不能使用。光缆如果需要采用机械牵引，牵引力应用拉力计监视，不得超过规定值。光缆盘的转动速度应与光缆的布放速度同步，要求牵引的最大速度为 15m/min 并保持恒定。光缆出盘处要保持松弛的弧度，并留有缓冲的余量但不宜过多，以免光缆出现背扣。牵引过程中不得突然启动或停止，应相互照顾，严禁硬拽猛拉，以免光纤受力过大而损伤。在敷设光缆全过程中，应保证光缆外护套不受损伤，以免影响光缆的密封性能。

建筑物光缆的最大安装张力及最小安装弯曲半径如表 5-1 所示。

表 5-1 建筑物光缆的最大安装张力及最小安装弯曲半径

光纤根数	张力（kg）	半径（mm）
4	45	5.08
6	56	7.60
12	67.5	7.62

2. 管道填充率

在未经润滑的管道内同时可穿设的光缆最大数量是有限的，通常用管道填充率来表示，一般管道填充率在 31%～50%。如果管道内原先已有光缆，则应用软鱼竿在管道中穿入一根新拉绳，这样可以最大限度地避免新光缆与原有光缆互相缠绕，提高敷设新光缆的成功率。

5.3 光缆的布线施工

光缆作为网络综合布线系统的一种重要的传输介质，无论在施工或使用中都具有其特殊性。光缆的布线施工可分为建筑物内主干光缆布线和建筑群间主干光缆布线两种方式。

一、建筑物内主干光缆布线

建筑物内主干光缆的布线方式与建筑物内的电缆布线方式类似。光缆的敷设施工可分为主干光缆的垂直布放和主干光缆的水平布放。

(一) 主干光缆的垂直布放

建筑物内的主干光缆一般安装在建筑物专用的弱电井中，它在设备间至各个楼层的交接间布放，成为建筑物内的主要骨干线路。在弱电井中布放光缆有两种方式：①由建筑物的顶层向下垂直布放；②由建筑物的底层向上牵引布放。通常采用向下垂直布放的施工方式，只有当整盘光缆搬到顶层有较大困难时，才采用由下向上的牵引布线方式。

(1) 垂直布放的步骤

当选择向下垂直布放光缆时，通常按以下步骤进行。

①在离建筑物顶层设备间的槽孔 1～1.5m 处安放光缆盘（光缆通常是绕在光缆盘上的），使光缆盘在转动时能控制光缆。将光缆盘安置在平台上，以便保持光缆与卷筒中心时刻都是垂直的，然后从光缆盘顶部牵引光缆。注意：在从光缆盘上牵引光缆之前，必须将光缆盘固定住，以防止其自身滚动。

②转动光缆盘，将光缆从其顶部牵出。牵引光缆时，要遵守不超过最小弯曲半径和最大张力的规定。

③引导光缆进入敷设好的电缆桥架中。

④慢慢地从光缆盘上牵引光缆，直到下一层的施工人员能将光缆再次引入下一层。每一层均重复以上步骤，当光缆到达最底层时，要使光缆松弛地盘在地上。

(2) 垂直布放光缆的注意事项

①垂直布放光缆时，应特别注意光缆的承重。为了减少光缆上的负荷，一般每两层将光缆固定一次。用这种方法，光缆布放需要中间支持，要小心地捆扎光缆，不要弄断光纤。

为了避免弄断光纤及产生附加的传输损耗，在捆扎光缆时不要碰破光缆外护套。

固定光缆的步骤为：使用塑料扎带由光缆的顶部开始，将主干光缆扣牢在电缆桥架上；从上至下，按一定的间隔（如 5～8m）安装扎带，直到光缆全部被牢固地扣好；检查光缆外护套有无损伤，并盖上桥架的外盖。

②光缆布防时应留有裕量。光缆在设备端的接续预留长度一般为 5～10m；自然弯曲增加长度为 5m/km；在弱电井中的光缆需接续时，其预留长度一般为 0.5～1.0m。如果在设计中有特殊预留长度要求时，应按要求处理。

③光缆在弱电井中间的管孔内不得有接头。光缆接头应放在弱电井正上

方的光缆接头托架上，光缆接头预留余线应盘成"O"形圈，用扎线捆扎在入孔铁架上固定，"O"形圈的弯曲半径不得小于光缆直径的20倍。按设计要求采取保护措施，保护材料可以采用蛇形软管或软塑料管等。

④在建筑物内同一路径上有其他线缆时，光缆应与它们平行或交叉敷设，应有一定间距，要分开敷设和固定，各种线缆间的最小净距应符合设计要求。

⑤光缆全部固定牢靠后，应将建筑物内各个楼层光缆所穿过的所有槽洞、管孔的空隙部分，先用油性封堵材料密封，再加堵防火材料，以求防潮和防火。在严寒地区，还应按设计要求采用防冻材料，以免光缆受冻损伤。

⑥光缆及其接续应有标识，标识内容包括编号、光缆型号和规格等。

⑦光缆敷设后应检查外护套有无损伤，不得有压扁、扭伤和折裂等缺陷。否则应及时处理，如有严重缺陷或有断纤现象发生，应及时检修，经测试合格后才容许使用。

（二）主干光缆的水平布放

主干光缆在垂直布放后，还需要从弱电井到交接间布放，一般采用走桥架（吊顶）的敷设方式，具体步骤如下：

①按设计的光缆敷设路由打开吊顶；

②利用工具切去一段光缆的外护套，一般由一端开始的0.3m处环切，然后剥去外护套；

③将光纤及加强芯切去，只留下纱线在护套中，对所需敷设的光缆都重复此操作；

④将纱线与电工带扭绞在一起；

⑤用胶布紧紧地将长20cm范围内的光缆外护套缠住；

⑥将纱线馈送到合适的夹子中，直到被电工带缠绕的外护套全塞入夹子中为止，当外护套全部塞进夹子以后，将纱线系到夹子上，靠近拉眼处，并把夹子夹紧；

⑦如果要牵引多根光缆，则要确保夹子足够大，以容纳被牵引的所有光缆；

⑧将电工带绕在夹子和光缆上，将光缆牵引到所需的地方，并留下足够长的光缆供后续处理用。

（三）进线室光缆的安装

光缆穿墙或穿过楼层时，要加带护口的塑料管，并且用阻燃的填充物将管子填满。进线室光缆的安装应将光缆由进线室敷设至机房的光纤配线架，由楼层间爬梯引至所在楼层。光缆在爬梯上，在可见部位的每只横铁上用粗细适当的麻线绑扎。对于非铠装光缆，每隔几档应衬垫一块胶皮再扎紧。在拐弯受力部位，还需套一段橡胶管加以保护。

（四）光缆终端箱

光缆进入交接间、设备间等机房内，应预留5～10m，如有可能挪动位置时，预留长度应视现场情况而定。然后进入光缆配线架，对于直埋光缆一般在进架前将铠装层剥除，松套管进入盘纤板后应剥除，并按照端接程序安装到光缆终端箱中。

二、建筑群间主干光缆布线

建筑群之间的光缆基本上有三种敷设方法。

①管道敷设：在地下管道中敷设光缆是三种方法中最好的一种方法。因为管道可以保护光缆，防止挖掘、有害动物及其他故障源对光缆造成损坏。

②直埋敷设：通常不提倡用这种方法，因为任何未来的挖掘都可能损坏光缆。

③架空敷设：在空中从电线杆到电线杆敷设，因为光缆暴露在空气中会受到恶劣气候的破坏，工程中较少采用架空敷设方法。

（一）管道敷设光缆

管道敷设光缆就是在建筑物之间或建筑物内预先敷设一定数量的管道（如塑料管道），然后再用牵引法布放光缆。

在敷设光缆前，根据设计文件和施工图纸对选用光缆穿放的管孔大小和其位置进行核对，当所选管孔孔位需要改变时（同一路由上的管孔位置不宜改变），应取得设计单位的同意。

敷设光缆前，应逐段将管孔清刷干净和试通。清扫时应用专制的清刷工具，清扫后应用试通棒试通检查合格，才可穿放光缆。如果采用塑料子管，要求对塑料子管的材质、规格、盘长进行检查，均应符合设计规定。一般塑料子管的内径为光缆外径的1.5倍以上，一个90mm管孔中布放两根以上的子管时，其子管等效总外径不宜大于管孔内径的85%。

当穿放塑料子管时，其敷设方法与光缆敷设基本相同，但必须符合以下规定：

①布放两根以上的塑料子管，如管材已有不同颜色可以区别时，其端头可不必做标志，如无颜色的塑料子管，应在其端头做好有区别的标志；

②布放塑料子管的环境温度应在-5℃～+35℃之间，在过低或过高的温度下，应尽量避免施工，以保证塑料子管的质量不受影响；

③连续布放塑料子管的长度，不宜超过 300m，塑料子管不得在管道中间有接头；

④牵引塑料子管的最大拉力，不应超过管材的抗张强度，在牵引时的速度要均匀；

⑤穿放塑料子管的水泥管管孔，应采用塑料管堵头（也可采用其他方法），在管孔处安装，使塑料子管固定，塑料子管布放完毕，应将子管口暂时堵塞，以防异物进入管内；

⑥本期工程中不用的子管必须在子管端部安装堵塞或堵帽，塑料子管应根据设计规定的要求，在人孔或手孔中留有足够长度；

⑦如果采用多孔塑料管，可免去对子管的敷设要求。

光缆的牵引端头可以预制，也可现场制作。为防止在牵引过程中发生扭转而损伤光缆，在牵引端头与牵引索之间应加装转环。

光缆采用人工牵引布放时，每个人孔或手孔应有人值守帮助牵引；机械布放光缆时，不需每个孔均有人，但在拐弯处应有专人照看。整个敷设过程中，必须严密组织，并有专人统一指挥。牵引光缆过程中应有较好的联络手段，不应有未经训练的人员上岗和在无联络工具的情况下施工。

光缆一次牵引长度一般不应大于 1000m。超长距离时，应将光缆盘成倒"8"字形分段牵引或在中间适当地点增加辅助牵引，以减少光缆张力和提高施工效率。

为了在牵引工程中保护光缆外护套等不受损伤，在光缆穿入管孔或管道拐弯处与其他障碍物有交叉时，应采用导引装置或喇叭口保护管等保护措施。此外，根据需要可在光缆四周加涂中性润滑剂等材料，以减少牵引光缆时的摩擦阻力。

光缆敷设后，应逐个在人孔或手孔中将光缆放置在规定的托板上，并应留有适当裕量，避免光缆过于绷紧。人孔或手孔中光缆需要接续时，其预留长度应符合表 5-2 所示的规定。在设计中如有要求做特殊预留的长度，应按规定位置妥善放置（例如预留光缆是为将来引入新建的建筑）。

表 5-2 光缆敷设的预留长度

光缆敷设方式	自然弯曲增加长度（m/km）	人（手）孔内弯曲增加长度 [m/（人）孔]	接续每侧预留长度（m）	设备每侧预留长度（m）	备注
管道	5	0.5～1.0	一般为 6～8	一般为 10～20	其他预留按设计要求，管道或直埋光缆需引上架空线时，其引上地面的部分每处增加 6～8m
直埋	7				

光缆管道中间的管孔不得有接头。当光缆在人孔中没有接头时，要求光缆弯曲放置在电缆托板上固定绑扎，不得在人孔中间直接通过，否则既影响今后施工和维护，又增加对光缆损害的机会。

当管道的管材为硅芯管时，敷设光缆的外径与管孔内径的大小有关，因为硅芯管的内径与光缆外径的比值会直接影响其敷设光缆的长度。现以目前最常用的几种硅芯管规格为例，其能穿放的光缆外径可参考表5-3。

表5-3 硅芯管内径与光缆外径适配表

光缆外径（mm）	≤11	12	12.5	13.5	14	15	16	17
硅芯管内径（mm）	26	26.28	28	28.33	28.33	33	33	33
光缆外径（mm）	18	19	20	21	21.5	23	24	25
硅芯管内径（mm）	33.42	33.42	33.42	33.42	42	42	42	42

对于小芯数的光缆，按管道的截面利用率来计算更为合理，规范规定管道的截面利用率为25%～30%。

光缆与其接头在人孔或手孔中，均应放在人孔或手孔铁架的电缆托板上予以固定绑扎，并应按设计要求采取保护措施。保护材料可以采用蛇形软管或软塑料管等管材。

光缆在人孔或手孔中应注意以下几点：
①光缆穿放的管孔出口端应封堵严密，以防水分或杂物进入管内；
②光缆及其接续应有识别标志，标志内容有编号、光缆型号和规格等；
③在严寒地区应按设计要求采取防冻措施，以防光缆受冻损伤；
④当光缆有可能被碰损伤时，可在其上面或周围采取保护措施。

（二）直埋敷设光缆

直埋敷设光缆与直埋敷设电缆的施工技术基本相同，就是将光缆直接埋入地下，除了穿过基础墙的那部分光缆有导管保护之外，其余部分没有管道予以保护。直埋光缆是隐蔽工程，技术要求较高，在敷设时应注意以下几点。
①直埋光缆的埋设深度应符合表5-4的规定。

表5-4 直埋光缆的埋设深度

序号	光缆敷设的地段或土质	埋设深度（m）	备注
1	市区、村镇的一般场合	≥1.2	不包括车行道
2	街坊和智能化小区内、人行道下	≥1.0	包括绿化地带
3	穿越铁路、道路	≥1.2	距道砟底或距路面
4	全石质	≥0.8	从沟底加垫10cm细土或沙土
5	普通土质（硬土路）	≥1.2	—
6	沙砾土质（半石质土等）	≥1.0	—

②在敷设光缆前应先清洗沟底，沟底应平整，无碎石和硬土块等有碍施工的杂物。若沟槽为石质或半石质，在沟底可预填10cm厚的细土、水泥或支撑物，经平整后才能敷设光缆。光缆敷设后应先回填20cm厚的细土或沙土保护层。保护层中严禁将碎石、砖块等混入，保护层采取人工轻轻踏平，然后在细土层上面覆盖混凝土盖板或完整的砖块加以保护。

③在同一路由上，且同沟敷设光缆或电缆时，应同期分别牵引敷设。

④直埋光缆的敷设位置，应在统一的管线规划综合协调下进行安排布置，以减少管线设施之间的矛盾。直埋光缆与其他管线及建筑物间的最小净距如表5-5所示。

表5-5 直埋光缆与其他管线及建筑物间的最小净距

序号	直埋光缆与其他管线		最小净距（m）		备注
			平行时	交叉时	
1	市话通信电缆管道边线（不包括人孔或手孔）		0.75	0.25	—
2	非同沟敷设的直埋通信电缆		0.50	0.50	
3	直埋电力电缆	电压（<35kV）	0.50	0.50	
		电压（>35kV）	2.00	0.50	
4	给水管	管径（<30cm）	0.50	0.50	光缆采用钢管保护时，交叉时的最小径距可降为0.15m
		管径（30～50cm）	1.00	0.50	
		管径（>50cm）	1.50	0.50	
5	燃气管	压力（<300kPa）	1.00	0.50	同给水管的备注
		压力（300～800kPa）	2.00	0.50	
6	树木	市内、村镇大树，果树，行道树	0.75	—	
		市外大树	2.00	—	
7	高压石油天然气管		10.00	—	同给水管的备注
8	热力管或下水管		1.00	0.50	
9	排水管		0.80	0.50	
10	房屋建筑红线（或基础）		1.0	—	

⑤在道路狭窄、操作空间小的时候，宜采用人工抬放敷设光缆。敷设时不允许光缆在地上拖拉，也不得出现急弯、扭转、浪涌或牵引过紧等现象。

⑥光缆敷设完毕后，应及时检查光缆的外护套，如有破损等缺陷应立即修复；并测试其对地绝缘电阻。具体要求参照我国通信行业标准《光缆线路对地绝缘指标及测试方法》（YD5012—2003）中的规定。

⑦直埋光缆的接头处、拐弯点或预留长度处以及与其他地下管线交越处，应设置标志，以便今后维护检修。标志可以专制标石，也可利用光缆路由附

近的永久性建筑的特定部位，测量出距直埋光缆的相关距离，在有关图纸上记录，作为今后的查考资料。

(三) 架空敷设光缆

1. 架空敷设方式

对于建筑群子系统，有时也会采用架空敷设光缆的方式。敷设方式基本与架空敷设电缆相同，其差别是光缆不能自支持。敷设前，应按照《本地通信线路工程验收规范》（YD/T5138—2005）和《市内电话线路工程施工及验收技术规范》（YDJ38—1985）中的规定，在现场对架空杆路进行检验，确认合格且能满足架空光缆的技术要求时，才能敷设光缆。因此，在架空敷设光缆时，必须将它固定到两个建筑物或两根电杆之间的钢绳上。一般有以下3种敷设方式。

(1) 吊线缠绕式架空方式

这种方式较稳固，维护工作少，但需要专门的缠绕机。

(2) 吊线托架架空方式

这种方式简单便宜，在我国应用最为广泛，但挂钩的加挂、整理比较费时。

(3) 自承重式架空方式

这种方式对电缆杆的要求高，施工、维护难度大，造价也高，国内目前很少采用。

2. 架空施工

施工人员在进行建筑群子系统主干光缆架空施工时，应注意以下几点。

(1) 光缆的预留

光缆在架设过程中和架设后，受到最大负荷所产生的伸长率应小于0.2%。

在中负荷区、重负荷区和超重负荷区布放的架空光缆，应在每根电缆杆上予以预留。对于中负荷区，每3～5杆档做一处预留，配盘时，应将架空光缆的接续点放在电缆杆上或放在附近电缆杆1m左右处，便于接续。在接续处的预留长度应包括光缆接续长度和施工中所需的消耗长度。一般架空光缆接续处每侧预留长度为6～10m，在光缆终端设备一侧预留长度应为10～20m。

(2) 光缆的弯曲

当光缆经过十字形吊线连接处或丁字形吊线连接处时，光缆的弯曲应符合最小弯曲半径要求，光缆的弯曲部分应穿放聚乙烯管加以保护，其长度约为30cm。

架空光缆用光缆挂钩将光缆挂在钢绞线上，要求光缆统一调整平直，无上下起伏。

（3）光缆的引上

管道光缆或直埋光缆引上后，光缆引上线处需加导引装置；与吊挂式的架空光缆相连接时，要留有一段用于伸缩的光缆。

3．其他注意事项

①注意光缆中金属物体的可靠接地。特别是在山区、高电压电网区，一般每千米要有3个接地点，甚至考虑使用非金属光缆。

②架空光缆线路与电力线交叉时，应在光缆和钢绞线吊线上采取绝缘措施。在光缆和钢绞线吊线外面采用塑料管、胶管或竹片等捆扎，使之绝缘。

③架空光缆线路的架设高度及其与其他设施接近或交叉时的间距，应符合有关电缆线路部分的规定。

5.4 光纤连接安装技术

除光纤连接器的安装技术外，光缆布线工程中还需要一些与光缆连接密切相关的设备，以实现光纤的交接、互连和连接管理等，这些设备统称为光纤连接设备。

一、光纤连接硬件

（一）光纤互连装置

光纤互连装置是综合布线系统中常用的标准光纤连接硬件，具有识别线路用的附有标签的盒子，也称光纤连接盒。该装置用来实现交叉连接和互连的管理功能，还直接支持带状光缆和束管式光缆的跨接线。

光纤互连装置被设计成封闭盒，由工业聚酯材料制成，其容量范围分为12根、24根和48根光纤。根据光纤的根数采用不同型号的光纤互连装置，对应类型为100A、200A和400A。

① 100A光纤互连装置：可完成12个光纤端接。该装置宽为190.5mm，长为222.2mm，深为75.2mm。

② 10A光纤连接器面板：可安装6个ST耦合器。该面板安装在100A光纤互连装置上开挖的窗口上。

③ 200A光纤互连装置：可完成24个光纤端接。该装置宽为190.5mm，长为222.2mm，深为100mm。

④ 400A 光纤互连装置：可容纳 48 根光纤或 24 个光纤交连和 24 个光纤端接，其门锁增加了安全性。该装置高为 280mm，宽为 430mm，深为 150mm。

（二）连接模块

互连模块一般由两个 100A 光纤互连装置组成，可以容纳两个 10A 用于 ST 光纤连接器的嵌板，最多可以容纳 12 个用于 ST 光纤连接器的光纤耦合器。

交叉连接模块有多达四个 10A 用于 ST 光纤连接器的嵌板，24 个用于 ST 光纤连接器的光纤耦合器，每个交叉连接模块用一个垂直过线槽（跨接线的过线槽），每列光纤互连装置有一个水平过线槽。

交叉连接和互连由模块组合而成。因此，连接盒有足够的空间，可根据需要增加新的模块。

（三）光纤扇出件

在光纤配线箱中，还有一个光纤扇出件。光纤带光缆扇出跳线与尾纤采用专用的扇出器将光缆中的光纤带光纤分开加以保护，再装上连接器插头，与光纤互连装置配合使用，实现在光配线架上分纤连接。每根光纤都有结实的缓冲层，以便在操作时得到更好的保护。

（四）光纤连接器件

光纤连接器件主要有连接器（ST、SC、MT-RJ、MIC 等）、光纤耦合器、光纤连接器面板、托架和光缆等。

二、光纤的交叉连接与互连

（一）光纤的交叉连接

光纤的交叉连接为管理光纤布线链路提供了一个集中的场所。将若干个光纤配线箱、光纤适配板、跨接线过线槽（垂直）、捷径过线槽（水平）以及其他机架附件，可组成一个大型的光纤配线架，并称之为"光纤交连场"。交叉连接利用光纤跳线（两头有端接好的连接器）实现两根光纤的连接，无须改动在交叉连接模块上已端接好的永久性光缆（如干线光缆）就可以重新安排光纤的布线链路。

一个光纤交连场最多可以扩充到 12 列，每列 6 个 100A 光纤互连装置。每列可端接 72 根光纤，因而一个全配置的交连场可容纳 864 根光纤。

与光纤互连方法相比，光纤交叉连接方法较为灵活，但它的连接器损耗会增加一倍。若要加强光纤交连场的强度及光缆保护，可改用铝制过线槽，并配可拆卸盖板，以加强对光纤跳线的机械保护。

（二）光纤的互连

当主要需求不需重新安排链路时，可将光纤配线箱组成"光纤互连场"，即使得每根输入光纤可以通过耦合器直接连至输出光纤上，而不必通过光纤跳线。与光纤交连场相比，减少了一个光纤跳线。

两种连接方式相比较，互连方式的光能量比交叉连接方式的要小，这是由于在互连方式中，光信号只经过一次连接；而在交叉连接方式中，光信号要经过两次连接。但灵活性方面，交叉连接方式较为灵活，便于重新安排链路。

三、光纤交连场的设计管理

在光缆布线施工工程中，对光纤交连部件进行管理是应用、维护光缆布线系统的必要手段。为了便于维护和管理，光纤和光缆的连接都应使用颜色标志或标签，以便鉴别各种类型的光纤。

（一）光纤交连场的设计

光纤交连场可分为单列交连场和多列交连场。

1. 单列交连场

安装 1 列交连场，可把第一个光纤互连装置放在规定空间的左上角。其他的扩充模块放在第一个模块的下方，直到 1 列交连场总共有 6 个模块。在这 1 列的最后一个模块下方应增加一个 1A6 光纤过线槽。如果需要增加列数，每个新增加的列都应先增加一个 1A6 光纤过线槽，并与第 1 列下方已有的过线槽对齐。

2. 多列交连场

要安装的交连场不止一列，应把第一个光纤互连装置放在规定空间的最下方，而且先给每 12 行配上一个 1A6 光纤过线槽。把它放在最下方光纤互连装置的底部至少应比楼板高出 30.5mm。

在安装时，同一水平面上的所有模块应当对齐，避免出现偏差。

（二）光纤连接场的管理

通常光纤的交连场按照功能管理，其标记分为 Lever1 和 Lever2 两级。

Lever1 标记用于点到点的光纤连接，即用于互连场。

Lever2 标记用于交连场，标记每一条输入光纤通过单光纤跳线连接到输出光纤。

交连场的光纤上都有两种标记：一种是非综合布线系统标记，它标明该光纤所连接的具体终端设备；另一种是综合布线系统标记，它标明该光纤的识别码。

每根光纤标记应包括以下两大类信息。

1. 光纤远端的位置

①设备位置；

②交连场；

③墙或楼层连接器。

2. 光纤本身的说明

①光纤类型；

②该光纤所在的光缆的区间号；

③离此连接点最近处的光纤颜色。

除了各个光纤标记提供的信息外，每条光缆上还有其他标记以提供如下信息：

①远端的位置；

②该光缆的特殊信息；

③光缆的特殊信息包括光缆编号、使用的光纤数、备用的光纤数以及长度。

四、综合布线系统的标识管理

在综合布线系统设计规范中，强调了管理。要求对设备间、管理间和工作区的配线设备、线缆、信息插座等设施，按照一定的模式进行标识和记录。ANSI/TIA/EIA-606标准对布线系统各个组成部分的标识管理做了具体的要求。

布线系统中有五个部分需要标识：线缆（电信介质）、通道（走线槽/管）、空间（设备间）、端接硬件（电信介质终端）和接地。

五者的标识相互联系、互为补充，而每种标识方法及使用材料又各有特点。像线缆的标识，要求在线缆的两端都进行标识，严格来讲，每隔一段距离都要进行标识，而且要在维修口、结合处、牵引盒处的电缆位置进行标识。空间的标识和接地的标识要求清晰、醒目，让人一眼就能注意到。配线架和面板的标识除应清晰、简洁易懂外，还要美观。从使用材料和应用的角度讲，线缆的标识，尤其是跳线的标识要求使用带有透明保护膜（带白色打印区域和透明尾部）的耐磨损、抗拉的标签材料。面板和配线架的标签要使用连续的标签，材料以聚酯的为好，可以满足外露的要求。由于各厂家的配线规格不同，有6口的、4口的，所留标识的宽度也不同，在选择标签时，标签的宽度和高度都要多加注意。

在做标识管理时，电缆和光缆的两端应标明相同的编号。

模块 6　电源、接地与机房环境

6.1　任务的引入与分析

一、任务引入

在综合布线系统中机房是一个比较重要的地方，涉及的内容也比较多，例如首先考虑的有电源问题、接地问题和通风冷却问题等，其余还涉及消防、防雷、安全和监控等多方面的问题。本模块介绍机房建设中供电系统的设计及机房环境施工技术。

二、任务分析

（一）电源

电力系统是整个通信系统的"心脏"，是为整个通信系统提供动力支持的关键所在。机房供电的质量直接影响网络和相关设备的可靠性和使用寿命，为机房设计一个电压稳定、安全可靠的供电系统，对整个综合布线系统的设计至关重要。

（二）机房配电系统设计

目前，我国的供电方式采用三相四线制，即单相额定电压（即相电压220V），三相额定线电压为380V，频率均为50Hz。因此，综合布线系统中所用设备的电源都应符合这一规定。如果所用设备为国外产品，且不符合这一规定（电压或制式不一）时，应设置专用变换装置或采取其他技术措施，以满足用电设备的要求。

（三）接地设计

综合布线系统作为建筑智能化不可或缺的基础设施，其接地系统的好坏将直接影响综合布线系统的运行质量，因而其作用显得尤为重要。根据商业建筑物接地和接线要求的规定，综合布线系统接地的结构包括接地线、接地总线、接地干线、主接地总线、接地引入线和接地体 6 部分。

（四）机房环境

机房设备基本上都是电子设备，电子设备由大量的电子元件、精密机械构件和机电部件组成，这些电子元件、机械构件及材料易受环境条件影响，如果使用环境不能满足使用要求，就会直接影响计算机系统的正常运行，加速元器件及材料的老化，缩短设备的使用寿命，因此合理地设计机房是学校建设机房应首要考虑的问题。

6.2 电　　源

机房的供电质量直接影响计算机及相关设备的可靠性和使用寿命，因此为机房提供一个电压稳定、安全可靠的供电系统，使计算机设备具有良好的运行环境是至关重要的。

一、机房供配电系统的分类

机房的供配电系统按照用途可分为主设备电源、辅助设备电源、照明电源和备用电源。

（一）主设备电源

主设备电源主要给整个网络系统的主要设备（路由器、交换机、防火墙和网络服务器等）提供电源。主设备电源的提供要求稳定、可靠和低干扰，独立供应并能满足相应的功率要求，通常使用 UPS（不间断电源）供电系统。

（二）辅助设备电源

为了维护机房的正常运行通常需要有一些辅助系统，这些辅助系统维护了整个机房的正常和安全运转。例如，机房的监控系统、消防系统、温湿度调节系统、远程报警系统和门禁系统等，这些辅助系统设备的供电系统统称为辅助设备电源。

（三）照明电源

顾名思义，照明系统为机房提供照明服务，但是照明系统并不像设计办公室照明那样简单，它分为一般照明、混合照明、事故照明和检修照明。

（1）一般照明

一般照明指整个机房或场所为正常工作的照明，它是一种照度均匀的照明，通常为机房、办公室、会议室和休息室所使用。

(2) 混合照明

混合照明指在一般照明不能满足要求时所需的局部照明，例如，在机柜安装、维护和检修时，机柜的背面所需的照明；在监控录像时，监控所需的照度不够时所需的局部照明；等等。

(3) 事故照明

事故照明指在正常照明故障或停电时，提供给工作人员进行设备操作和转移的照明。事故照明要求与正常的照明电源联动，当一般照明正常工作时，事故照明不工作；当照明电源不工作时，事故电源工作，并要求事故电源能够快速、可靠地进行切换。

(4) 检修照明

检修照明在设备进行检修时，通常有一些部位如设备的底部、当静电地板下面、电缆沟内等是以上所有电源都不能起作用的，为了保证检修工作的顺利进行，良好的照明条件是必不可少的，因此需要配备检修照明。检修照明的电压应该小于等于36V，该检修照明电源可以是便携式照明灯具，也可以是稳压电源。该电源不应对人体产生伤害作用，因为在检修时可能电源的移动性比较大，如果电压过高会产生潜在的危害。

(四) 备用电源

备用电源由三部分组成，一是主设备备用电源；二是潜在设备电源；三是可扩充设备电源。

(1) 主设备备用电源

主设备备用电源一般在大型机房使用比较多，它的目的是当主设备电源发生故障时，可迅速切换到主备用电源。它有两种模式：①双电源模式，由不同的变电站提供，适用于大型重要机房；②双相供电模式，由同一变电站提供的380V电源的不同相线提供220V交流电，适用于小型机房。

(2) 潜在设备电源

在机房中可能要临时接一些设备，墙上的插座电源作为潜在设备电源提供备用电源功能，它有380V和220V两种。

(3) 可扩充设备电源

当机房设备扩充时，备用电源要提供能满足功率要求的电源。

二、电源布线设计

（一）对交流电网的要求

供电电源应满足频率为（50±1）Hz，电压为380V/220V，变动幅度为 -15%～+10%，相数为三相五线制或三相四线制或单相三线制，波形失真率≤±10%，应采用地下电缆进线，电源进线应按现行国家标准《建筑物防雷设计规范》（GB50057—2010）采取防雷措施。供电线路应避免高压浪涌干扰，不要与大功率的感性负载（如空调）电网并网运行，不要与大功率用电设备（如电焊机、电梯、机床）连接在一起。

供配电系统应考虑计算机系统未来升级、扩容的可能性，应预留备用容量，能提供足够的电力负荷，电力负荷的计算应按机器的启动电流而不是工作电流计算，因为一台计算机的启动电流可达 2.5A 左右，而工作电流却只有 0.5～0.8A，两者相差 5～7 倍。另外，还应注意三相供电时，单相负荷应均匀地分配在三相线路上，设备数量在 50 台以内时，计算机用电由二相电源供给，其他用电设备使用另一相电源；计算机数量在 50 台以上时，应该使用三相电源。

（二）内部配电要求

要把计算机供电系统与空调和其他用电设备（如照明）的电源分开走线，不得平行走线，避免相互干扰。交叉时，应尽量以接近于垂直的角度交叉，并采取防燃措施。电源线及电源插座应遵守"左零、右火、中接地"的规则。有条件的计算机系统应配备交流稳压电源，稳压电源应选用净化交流稳压电源，50 台以内的机房可选用 1～2 台单相净化交流稳压电源，50 台以上的机房则应选用三相净化交流稳压电源。服务器需配置单独的 UPS，以便在电网停电时为服务器延续提供电源完成数据的保存工作。选用 UPS 时应注意，"后备式 UPS"并无稳压功能，它在电网供电正常时仅提供一个通道到输出端，只有电网停电后才由内部的蓄电池提供电源。

6.3 接　　地

接地系统是机房中必不可少的部分，它不仅直接影响机房通信设备的通信质量和机房电源系统的正常运行，还起到保护人身安全和设备安全的作用。

一、接地设计

（一）接地的种类

接地的种类包括工作接地、保护接地、重复接地、静电接地、直流工作接地和防雷接地等。

工作接地：利用大地作为工作回路的一条导线。

保护接地：利用大地建立统一的参考电位或起屏蔽作用，以使电路工作稳定、质量良好，特别是保证设备和工作人员的安全。

重复接地：将零线上的多点与大地多次做金属性连接。

静电接地：设备移动或物体在管道中移动，因摩擦产生静电，它聚集在管道、容器和储藏或加工设备上，形成很高的电位，对人身安全及对设备和建筑物都有危害，做了静电接地，静电一旦产生，就导入地中，以消除其聚集的可能。

直流工作接地（也称逻辑接地、信号接地）：计算机及一切微电子设备，大部分采用 CMOS 集成电路，工作于较低的直流电压下，为使同一系统的电脑、微电子设备的工作电路具有同一"电位"参考点，将所有设备的"零"电位点接于同一接地装置，它可以稳定电路的电位，防止外来的干扰，这称为直流工作接地。

防雷接地：为使雷电浪涌电流泻入大地，使被保护物免遭直击雷或感应雷等浪涌过电压、过电流的危害，所有建筑物、电气设备、线路、网络等不带电金属部分、金属护套、避雷器及一切水、气管道等均应与防雷接地装置做金属性连接。

（二）接地电阻要求

接地系统由接地体、接地引入线、地线盘或接地汇接排和接地配线组成。接地系统的电阻主要由接地体附近的土壤电阻所决定。如果土壤电阻率较高，无法达到接地电阻小于 4Ω 的要求，就必须采用人工降低接地电阻的方法。

在采用分散接地方式时，接地电阻要求如下：

①工作接地电阻 ≤ 2Ω；

②保护接地电阻 ≤ 4Ω；

③防雷接地电阻 ≤ 10Ω。

二、接地实施

①在所选位置向下挖 1.6m 深的坑；

②向坑内打入 2.2m 长、下端尖形的紫铜接地极；

③相邻接地体（一根）间距为 5m，建筑物间距 1.5m；

④相邻接地体间用 40×4mm 扁铜连接；

⑤打入接地体时到 2.0m 时止；

⑥用 40×4mm 扁铜与接地体焊接，与母线接入机房。

6.4 机房环境

一、机房环境要求

（一）场地的选择

计算机机房应避开有害气体来源及存放腐蚀、易燃、易爆物品的地方，应避开低洼、潮湿、落雷区和地震活动频繁的地方，应避开强振动源和强噪声源，应避开电磁干扰、电磁辐射，应避免设在建筑物的高层或地下室及用水设备的下层或隔壁。

（二）机房内环境设计

计算机房内环境应本着安全、防火、防尘、防静电的原则来设计，并应符合下列要求。

1. 安全

计算机机房最小使用面积不得小于 $20mm^2$，一般一套机器的占用面积按 $1.5\sim2mm^2$ 计算；计算机机房的建筑地面要高于室外地面，以防止室外水倒灌；机房顶棚与吊顶灯具、电扇等设备务必安装牢固，用电线路设计必须考虑安全用电；门窗应安装防盗网和防盗门，机房内应安装自动报警器。

2. 防火

机房装修应采用铝合金、铝塑板等阻燃防火材料；应配备灭火器，计算机数量较多的机房应采用烟雾报警器，机房内严禁明火与吸烟；消防系统的信号线、电源线和控制线均应穿过镀锌钢管在吊顶、墙内暗敷或在电缆桥架内敷设；应保证防火通道的畅通，以备发生紧急情况时疏散人员之用。

3. 防尘

墙壁和顶棚表面要平整光滑，不要明走各种管线和电缆线，减少积尘面，选择不易产生尘埃、也不易吸附尘埃的材料（如钢板墙、铝塑板或环保立邦漆）；装饰墙面和地面、门、窗、管线穿墙等的接缝处，均应采取密封措施，防止灰尘侵入，并配置吸尘设备。

4. 防静电

机房应严禁使用地毯，特别是化纤、羊毛地毯，避免物体移动时产生的静电（可达几万伏）击穿设备中的集成电路芯片（抗静电电压仅为200～2000V），最好安装防静电地板。

5. 温度和湿度

由于机房内的设备大部分均由半导体元器件组成，它们工作时会产生大量热量，如果没有有效的措施及时散热，循环积累的温度就会加速设备老化，导致设备出现故障，过低的室温又会使印刷线路板等老化发脆、断裂；相对湿度过低容易产生静电干扰，过高又会使设备内部焊点及接插件等电阻值增大，造成接触不良。为此，机房内应配备高效、低噪声、低振动、有足够容量的空调设备，使温湿度尽可能符合《电子信息系统机房设计规范》（GB50174—2008）的有关要求，一般空调参数为：温度，夏季（23±2）℃，冬季（20±2）℃；湿度，45%～65%。同时机房内应安装通风换气设备，使机房有一个清新的操作环境。

二、机房施工应注意的问题

①综合布线区域内存在的电磁干扰场强大于3V/m时，应采取防护措施。

②关于综合布线区域允许存在的电磁干扰场强的规定，考虑了下述因素：

a. 在EN50082-X通用抗干扰标准中，规定居民区/商业区的干扰辐射场强为3V/m，按《辐射电磁场的要求》（IEC801-3）的等级划分，属于中等EM环境。

b. 在邮电部电信总局编制的《通信机房环境安全管理通则》中，规定通信机房的电磁场强度在频率范围为0.15～500MHz时，不应大于130dB，相当于3.16V/m。

③综合布线电缆与附近可能产生高电平电磁干扰的电动机、电力变压器等电气设备之间应保持必要的间距。

a. 综合布线系统与干扰源的间距应符合表6-1所示的要求。

表6-1 综合布线系统与干扰源的间距表

干扰源	与综合布线接近状况	最小间距（mm）
380V以下电力电缆（<2kV·A）	与缆线平行敷设	130
	有一方在接地的线槽中	70
	双方都在接地的线槽中	10

续表

干扰源	与综合布线接近状况	最小间距（mm）
380V 以下电力电缆（2～5kV·A）	与缆线平行敷设	300
	有一方在接地的线槽中	150
	双方都在接地的线槽中	80
380V 以下电力电缆（>5kV·A）	与缆线平行敷设	600
	有一方在接地的线槽中	300
	双方都在接地的线槽中	150
荧光灯、银灯、电子启动器或交感性设备	与缆线接近	150～300
无线电发射设备（如天线、传输线、发射机等）、雷达设备等、其他工业设备（开关电源、电磁感应炉、绝缘测试仪等）	与缆线接近（当通过空间电磁场耦合强度较大时，应按规定考虑采取屏蔽措施）	≥1500
配电室	与配线设备接近	≥1000
电梯、变电室	尽量远离	≥2000

注：i．当 380V 电力电缆 <2kV·A，双方都在接地的线槽中，且平行长度≤10m 时，最小间距可以是 10mm。双方都在接地的线槽（指两个不同的线槽）中，也可在同一线槽中用金属板隔开。

ii．电话用户存在振铃电流时，不能与计算机网络在同一根对绞电缆中起运用。

iii．综合布线系统应根据环境条件选用相应的缆线和配线设备，采用屏蔽的综合布线系统平均可减少噪声 20dB。

各种缆线和配线设备的选用原则，宜符合下列要求：

当周围环境的干扰场强度或综合布线系统的噪声电平低于表 6-2 所示的规定时，可采用 UTP 缆线系统和非屏蔽配线设备，这是钢缆双绞线的主流产品。

当周围环境的干扰场强度或综合布线系统的噪声电平高于表 6-2 所示的规定，干扰源信号或计算机网络信号频率大于或等于 30MHz 时，应根据其超过标准的量级大小，分别选用 FTP、SFTP、STP 等不同的屏蔽缆线系统和屏蔽配线设备。另外，表 6-1 要求的间距不能保证时，应采取适当的保护措施。

表 6-2　噪声信号电平限值表

频率范围（MHz）	招生信号限值（dBm）
0.15～30	−40
30～890	−20
890～915	−40
915～1000	−20

注：i.噪声电平超过 -40dBm 的带宽的和应小于 200MHz。

ii.基准电平的特征：IkHz、40dBm 的正弦信号。

iii.背景噪声最少应比基准电平小 -12dB。

当周围环境的干扰场强度很高，采用屏收系统已无法满足各项标准的规定时，应采用光缆系统；当用户对系统有保密要求，不允许信号往外发射时，或系统发射指标不能满足表 6-3 的规定时，应采用屏蔽缆线和屏蔽配线设备或采用光缆系统。

b.墙上敷设的综合布线电缆、光缆及管线与其他管线的间距应符合表 6-3 的规定。

表 6-3 墙上敷设的综合布线电缆、光缆及管线与其他管线的间距

其他管线	最小平行净距（mm）电缆、光缆及管线	最小交叉净距（mm）电缆、光缆及管线
避雷引下线	1000	300
保护地线	50	20
给水管	150	20
压缩空气管	150	20
热力管（不包封）	500	500
热力管（包封）	300	300
煤气管	300	20

注：当墙壁电缆敷设高度超过 6000mm 时，与避雷引下线的交叉净距应按下式计算确定。

$$S \geqslant 0.05L$$

式中：S——交叉净距，mm；

L——交叉处避雷引下线距地面的高度，mm。

综合布线电缆与电力电缆的间距要求，参考 ANSI/TIA/EIA-569 标准制订；墙上敷设的综合布线电缆、光缆及管线与其他管线的间距要求，参考《工业企业通信设计规范》（GBJ42-81）制订。

④综合布线网络在遇到下列情况时，应采取防护措施。

a.在大楼内部存在下列干扰源，且不能保持安全间隔时：

配电箱和配电网产生的高频干扰；

大功率电机电火花产生的谐波干扰；

荧光灯管，电子启动器；

电源开关；

电话网的振铃电流；

信息处理设备产生的周期性脉冲。

b.在大楼外部存在下列干扰源,且处于较高电磁场强度的环境:

雷达;

无线电发射设备;

移动电话基站;

高压电线;

电气化铁路;

雷击区。

c.周围环境的干扰信号场强或综合布线系统的噪声电平超过下列规定:对于计算机局域网,引入 10kHz～600MHz 的干扰信号,其场强为 1V/m;引入 600MHz～2.8GHz 的干扰信号,其场强为 5V/m;具有模拟数字终端接口的终端设备,提供电话服务时,噪声信号电平应符合表 6-2 所示的规定。

d.综合布线系统的发射干扰波的电场强度超过表 6-4 所示的规定。

表 6-4　发射干扰波电场强度限值表

	A 类设备	B 类设备
30～230MHz	30dBμV/m	30dBμV/m
230MHz～1GHz	37dBμV/m	37dBμV/m

注:A 类设备指第三产业;B 类设备指住宅。

⑤综合布线系统采用屏蔽措施时,应有良好的接地系统,并应符合下列规定。

a.保护地线的接地电阻值,单独设置接地体时,不应大于 4Ω;采用联合接地体时,不应大于 1Ω。

b.综合布线系统的所有屏蔽层应保持连续性,并应注意保证导线的相对位置不变。

c.屏蔽层的配线设备(FD 或 BD)端应接地,用户(终端设备)端视具体情况宜接地,两端的接地应尽量连接同一接地体。当接地系统中存在两个不同的接地体时,其接地电位差不应大于 1Vr·m·s。

⑥每一楼层的配线柜都应单独布线至接地体,接地导线的选择应符合表 6-5 所示的规定。

表 6-5 接地导线选择表

名称	接地距离（30m）	接地距离（≤1000m）
接入自动交换机的工作站数量（个）	≤ 50	> 50, ≤ 300
专线的数量（条）	≤ 15	> 15, ≤ 80
信息插座的数量（个）	≤ 75	> 75, ≤ 450
工作区的面积（m^2）	≤ 750	> 750, ≤ 4500
配线室或电脑室的面积（m^2）	10	15
选用绝缘导线的截面（mm^2）	6～16	16～50

⑦信息插座的接地可利用电缆屏蔽层连至每层的配线柜上。工作站的外壳接地应单独布线连接至接地体，一个办公室的几个工作站可合用同一条接地导线，应选用截面不小于 2.5mm 的绝缘铜导线。

⑧综合布线的电缆采用金属槽道或钢管敷设时，槽道或钢管应保持连续的电气连接，并在两端应有良好的接地。

⑨干线电缆的位置应接近垂直的接地导体（例如建筑物的钢结构）并尽可能位于建筑物的网络中心部分。

⑩当电缆从建筑物外面进入建筑物内部容易受到雷击、电源碰地、电源感应电势或地电势上浮等外界影响时，必须采用保护器。

⑪在下述的任何一种情况下，线路均属于处在危险环境之中，均应对其进行过压过流保护。

a. 雷击引起的危险影响；

b. 工作电压超过 250V 的电源线路碰地；

c. 地电势上升到 250V 以上而引起的电源故障；

d. 交流 50Hz 感应电压超过 250V。

⑫综合布线系统的过压保护宜选用气体放电管保护器。

⑬过流保护宜选用能够自复的保护器。

⑭在易燃的区域或大楼竖井内布放的光缆或铜缆必须有阻燃护套；当这些缆线被布放在不可燃管道里，或者每层楼都采用了隔火措施时，则可以没有阻燃护套。

⑮综合布线系统有源设备的正极或外壳，电缆屏蔽层及连通接地线均应接地，宜采用联合接地方式，当同层有避雷带及均压网（高于 30m 时每层都设置）时应与此相接，使整个大楼的接地系统组成一个笼式均压体。

模块 7　网络综合布线系统的测试与故障修复

7.1　任务的引入与分析

一、任务引入

网络综合布线系统工程是智能建筑内信息传输的基本通道，对其整个传输信道进行严格的工程测试和工程验收，是检验布线工程、确保布线工程质量的重要保障措施。通过科学、有效的测试，能使我们及时发现布线故障、分析和处理问题。

二、任务分析

①了解网络综合布线系统工程的测试类型和相关标准。
②掌握电缆传输链路的认证测试。
③掌握光缆传输链路的认证测试。
④掌握网络综合布线系统工程验收方法。
⑤掌握网络综合布线系统工程的维护方法，能根据测试现象判断并解决故障。

网络综合布线系统的测试和布线工程的实施对一般用户来说是个比较概念化的问题，但在制订测试方案时，网络综合布线系统的测试与验收是保障工程质量，保护投资利益的重要环节。掌握网络综合布线的知识尤为重要。

7.2　国际标准和国内标准

网络综合布线测试与综合布线标准紧密相关。近几年来布线标准发展很快，主要是由于有像千兆以太网这样的应用需求在推动着布线性能的提高，由此导致了对新的布线标准的要求加快。在参考布线标准时，主要可以从以下几个标准体系来入手：美洲标准、欧洲标准、国际标准、国内标准。在对布线系统进行设计和测试时，如果不了解相关的标准，就会出现差异。布线的现场测试是布线测试的依据，它与布线的其他标准息息相关，在此对这些标准进行简单的介绍。

一、美洲标准

成立于 20 世纪 80 年代的美国国家标准局是国际标准化组织与国际电工技术委员会的主要成员，在国际标准化方面扮演着很重要的角色。美国国家标准局自己不制订美国国家标准，而通过组织有资质的工作组来推动标准的建立。综合布线的美洲标准主要由美国通信工业协会或美国电器工业协会制订。这两个组织受美国国家标准局的委托对综合布线系统的标准进行制订。在标准的整个文件中，这些组织称为 ANSI/TIA/EIA。ANSI/TIA/EIA 每隔 5 年审查大部分标准，此时，根据提交的修改意见进行重新确认、修改或删除。

（一）ANSI/TIA/EIA-568-A：商业建筑通信布线系统标准

ANSITIA/EIA-568-A 标准与 ISO/IEC11801 标准都是 1995 年制定的，它是由 TR41.7.1 工作组发布的。它定义了语音与数据通信布线系统，适用于多个厂家和多种产品的应用环境。这个标准为商业布线系统提供了设备和布线产品设计的指导，制定了不同类型电缆与连接硬件的性能与技术条款，这些条款可以用于布线系统的设计和安装。在这个标准后，有 5 个增编。

①增编 1（A1）：100 欧姆 4 对电缆的传输延迟和延迟偏移规范。在最初的 568A 标准中，传输延迟和延迟偏移没有定义，这是因为在当时的系统应用中这两个指标并不重要。但到了 100VGAnyLAN 网络应用出现后，由于它是在 3 类双绞线的布线中使用所有的 4 个线对实现 100Mb/s 的传输，所以对传输延迟和延迟偏移提出了要求。此时，TIA 同意定义一个 50ns 的延迟偏移作为最小要求，而当时的现场测试仪器（如 FlukeDSP4000 系列数字式电缆测试仪）是可以实现此项测试的，所以该标准自然被引入了。

②增编 2（A2）：TIA/EIA-568-A 标准修正与增编。该增编对 568-A 进行了修正。其中有在水平布线系统采用 62.5/125um 光纤的集中光纤布线的定义，增加了 TSB-67 作为现场测试方法等项。

③增编 3（A3）：TIA/EIA-568-A 标准修正与增编。为满足开放式办公室结构的布线要求，本增编修订了混合电缆的性能规范，这个新增的混合与捆绑电缆的规范要求在所有非光纤类电缆间的综合近端串扰要比每条电缆内的线对间的近端串扰好 3dB。

④增编 4（A4）：非屏蔽双绞线布线模块化线缆的 NEXT 损耗测试方法。

模块 7　网络综合布线系统的测试与故障修复

该增编所定义的测试方法不是由现场测试仪来完成的，并且只覆盖了 5 类线缆的 NEXT。

⑤增编 5（A5）：100 欧姆 4 对超 5 类布线传输性能规范。1998 年起在网络应用上开发成功了在 4 个非屏蔽双绞线线对间同时双向传输的编码系统和算法，这就是 IEEE 千兆以太网中的 1000Base-T。为此，IEEE 请求 TIA 对现有的 5 类指标加入一些参数以保证布线系统对这种双向传输的质量。TIA 接受了这个请求，并于 1999 年 11 月完成了这个项目。

与 TSB-95 不同的是这个文件的所有测试参数都是强制性的，而不像 TSB-95 那样是推荐性的。要注意的是这里的新的性能指标要比过去的 5 类系统严格得多。这个标准中也包括了对现场测试仪的精度要求，即 IIe 级精度的现场测试仪。还要注意的是：由于在测试中经常出现回波损耗失败的情况，所以在这个标准中引入了 3dB 的原则。

① TIA/EIA TSB-95：100 欧姆 4 对 5 类布线附加传输性能指南。TSB-95 提出了关于回波损耗和等电平远端串扰（ELFEXT）的新的信道参数要求。这是为了保证已经广泛安装的传统 5 类布线系统能支持千兆以太网传输而设立的参数。由于这个标准是作为指导性的 TSB（Technical Systems Bulletin）投票的，所以它不是强制性的标准。

一定要注意的是这个指导性的规范不要用来对新安装的 5 类布线系统进行测试，过去安装的 5 类布线系统即使能通过 TSB-95 的测试，但很多都通不过 TIA-568-A5—2000 这个超 5 类即 Cat.5e 标准的检测。这是因为 Cat.5e 标准中的一些指标比 TSB-95 标准中的指标严格得多。

② TIA/EIA/IS-729：100 欧姆外屏蔽双鲛线布线的技术规范。这是一个对 TIA-568-A 和 ISO/IEC11801 外屏蔽双绞线（SCTP）布线规范的临时性标准。它定义了 SCTP 链路和元器件的插座接口、屏蔽效能、安装方法等参数。

（二）ANSI/TIA/EIA-568-B（包括 ANSI/TIA/EIA-568-B.1、ANSI/TIA/EIA-568-B.2 和 TIA/EIA-568-B.3 标准）

TR42.1 委员会分会是负责开发维护建筑布线标准的委员会。建筑布线标准涉及了布线系统拓扑、结构、设计、安装、测试以及性能要求。自 ANSI/TIA/EIA-568-A 发布以来，更高性能的产品和市场应用需求的改变，对这个标准也提出了更高的要求。TR42.1 委员会相继公布了很多的标准增编、临时标准以及技术公告（TSB）。为了简化下一代的 ANSI/TIA/EIA-568-A 标准，TR42.1 委员会决定将新标准"一化三"，每一个部分与现在的 ANSI/TIA/EIA-568-A 章节有相同的着重点。

2001年4月，新的标准ANSI/TIA/EIA-568-B正式发布并取代了原有标准ANSI/TIA/EIA-568-A。ANSI/TIA/EIA-568-B和以前的ANSI/TIA/EIA-568-A相比，加入了568-A以后的各个增补部分（A1～A5）和各个技术公告，并在以下方面做了较大的变动：布线系统的测试模型（把原来的Basic Link由Permanent Link取代）、重新定义了最低类别要求（去掉了4类和5类，代替以5e类和6类）、引入新的光纤规格和接口（50/125μm多模光纤、小规格光纤接口SFF）等。这些改变，再加上新颁布的6类综合布线系统标准，使得厂商、安装商和用户在生产、安装和测试认证时更方便、更高效、更准确，也为即将到来的高速应用提供了强有力的保障。它分为以下三个部分。

① ANSI/TIA/EIA-568-B.1：商业建筑通信布线系统标准，即第一部分，一般要求这个标准着重于水平和主干线布线拓扑、距离、介质选择、工作区连接、开放办公布线、电信与设备间、安装方法以及现场测试等内容。它集合了TIA/EIA TSB-67，TIA/EIA TSB-72，TIA/EIA TSB-75，TIA/EIA TSB-95，ANSI/TIA/EIA 568-A2、A3、A5，TIA/EIA/IS-729等标准中的内容。

线电缆、跳线、连接硬件（包括SCTP和150Ω的STP-A器件）的电气和机械性能规范，以及部件可靠性测试规范、现场测试仪性能规范、实验室与现场测试仪比对方法等内容。它集合了ANSI/TIA/EIA-568-A1和部分ANSI/TIA/EIA-568-A2、ANSI/TIA/EIA-568-A3、ANSI/TIA/EIA/568-A4、ANSI/TIA/EIA-568-A5、1S-729、TSB-95中的内容。

② ANSI/TIA/EIA-568-B.2.1：ANS/TIA/EIA-568-B.2的增编，经历了三年多、十几次草案的修订，2002年6月5日，TR42.8委员会正式通过了6类双绞线布线标准ANSI/TIA-EIA-568-B.2-1，该标准成为TIA/EIA-568-B.2标准的补充附录。

③ ANSI/TIA/EIA-568-B.3：商业建筑通信布线系统标准，即第三部分，也就是光纤布线部件标准，这个标准定义了光纤布线系统的部件和传输性能指标，包括光缆、光跳线和连接硬件的电气与机械性能要求，器件可靠性测试规范，现场测试性能规范。该标准将取代ANSI/TIA/EIA-568-A中的相应内容。

TR42.8委员会最近通过了一项旨在阐明光纤布线测试的新方案——TSB-140，用以说明测试以及解释正确的测试步骤。TR42.8委员会在TIA/EIA组织中专门负责光纤布线标准的制定，ANSI/TIA/EIA-568-B.3标准就是这个委员会制定的。针对目前光纤局域网越来越快的传输速率、越来越短的传输距离和越来越低的损耗预算，TR42.8委员会认为早期的标准ANSI/TIA/EIA-568-A中按照TIA-526-14A和TIA-526-7所推荐的方法只进行损耗的测试，已经远远不能满足当前光纤局域网的需求。

该方案建议了两个级别的测试，供项目设计者从中做出选择。等级一，使用光缆损耗测试设备来测试光缆的损耗和长度，并依靠光缆损耗测试设备或者可视故障定位仪验证极性；等级二，测试包括等级一的测试参数，还包括对已安装的光缆设备的光时域反射仪进行追踪。

（三）ANSI/TIA/EIA-507-A：住宅电信布线标准

TIA/EIA-570-A 所草议的要求主要是定出新一代的住宅电信布线标准，以适应现今及将来的电信服务。标准主要提出有关布线的新等级，并建立一个布线介质的基本规范及标准，主要应用于支持话音、数据、影像、视频、多媒体、家居自动系统、环境管理、保安、音频、电视、探头、警报及对讲机等服务。

（四）ANSI/TIA/EIA-606：商业建筑物电信基础结构管理标准

ANSI/TIA/EIA-606 标准的起源是 ANSI/TIA/EIA-568、ANSI/TIA/EIA-569 标准，在编写这些标准的过程中，试图提出电信管理目标，但委员会很快发现管理本身的命题应予以标准化，这样 TR41.7.3 管理标准开始被制定。这个标准用于对布线和硬件进行标识，目的是提供与应用无关的统一管理方案。

对于布线系统来说，标记管理是日渐突出的问题，这个问题会影响到布线系统能否有效地管理和运用，有效的布线管理对于布线系统和网络的有效运作与维护具有重要意义。ANSI/TIA/EIA-606 标准的目的是提供一套独立于系统应用之外的统一管理方案。与布线系统一样，布线管理系统必须独立于应用之外，这是因为在建筑的使用寿命内，应用系统大多会有多次的变化。布线系统的标签与管理可以使系统移动、增添以及更改设备更加容易、快捷。

对于布线的标记系统来说，标签的材质是关键，标签除了要满足 ANSI/TIA/EIA-606 标准要求的标识中的分类规定外，还要通过标准中要求的 UL969 认证，这样的标签可以保证长期不会脱落，而且防水、防撕、防腐、耐低温，可适用于不同环境及特殊恶劣户外环境。

ANSI/TIA/EIA-606 涉及布线文档的 4 个类别：

Class1——用于单一电信间；Class2——用于建筑物内的多个电信间；Class3——用于园区内多个建筑物；Class4——用于多个地理位置。

（五）ANSI/TIA/EIA-607：商业建筑物接地和接线规范

制定这个标准的目的是在了解要安装电信系统时，对建筑物内的电信接地系统进行规划、设计和安装。它支持多厂商多产品环境及可能安装在住宅的工作系统接地。

二、欧洲标准

一般而言，CELENEC EN50173 标准与 ISO/IEC11801 标准是一致的。但是，CELENEC EN50173 比 ISO/IEC11801 严格。

（一）CELENEC EN50173：信息技术——综合布线系统

该标准迄今为止经历了三个版本：EN50173—1995，EN50173-A1—2000，EN50173—2001。

EN 50173 的第一版是 1995 年发布的，目前它在很多方面已经没有什么实际意义了。它没有定义 ELFEXT 和 PSELFEXT，也不能用于支持千兆以太网。因此这个标准必须修改，标准的增编1，即 EN50173A1—2000 支持千兆以太网和 ATM155，也制定了测试布线系统的规范。但它没有涉及新的 Class E 和 Class F 电缆及其布线系统。有一点要注意的是 Class D—2000-A1 的定义没有 Class D—2001 指标严格，所以 Class D—2000-A1 是不能等同于 TIA 的 Cat.5e 的。

（二）EN50174

该标准由三部分组成。它包括了信息技术布线中的平衡双绞线和光纤布线的定义、实现和实施等规范。EN50174 不包括某些布线部件的性能、链路设计和安装性能的定义，所以在应用时需要参考 EN50173。

① EN50174-Part1，Information Technology—Cabling Installation Part1：Installation Specification and Quality Assurance；

② EN50174-Part2，Information technology—Cabling Installation Part2：Installation Planning and Practices Inside Buildings；

③ EN50174-Part3，Information Technology—Cabling Installation Part3：Installation Planning and Practices for Outside Buildings。

该标准定义了布线系统（包括光缆布线）测试要求。它定义了测试过程和选用的参数，以保证测试结果的可重复性和可靠性。

对于欧洲标准来说，它是由一系列的标准相互结合构成的。其中，在建筑设计阶段使用 EN50310；在布线设计阶段使用 EN50173、EN50097-1 和 EN50097-2；在参考标准、实现与实施上采用 EN50174-1，EN50174-2，ENS0174-3。

三、国际标准

（一）IEC 61935

它定义了实验室和现场测试的比对方法,这一点与美洲标准 TSB-67 相同。它还定义了布线系统的现场测试方法以及跳线和工作区电缆的测试方法。该标准还定义了布线参数参考测试过程以及用于测量 ISO/IEC11801 中定义的布线参数所使用的测试仪器的精度要求。

（二）ISO/IEC 11801：国际建筑通用布线

国际标准化组织和国际电工技术委员会组成了一个世界范围内的标准化专业机构。在信息技术领域中,国际标准化组织和国际电工技术委员会设立了一个联合技术委员会（ISO/IECJTCI）。由联合技术委员会正式通过国际标准草案分发给各国家团体进行投票表决,作为国际标准的正式出版需要至少 75% 的国家团体投票通过才有效。国际标准 ISO/IEC11801 是由联合技术委员会 ISO/IECJTCI 的 SC25WG3 工作组在 1995 年制定发布的,把有关元器件和测试方法归入国际标准。目前该标准有三个版本：ISO/IEC11801—1995、ISO/IEC11801—2000、ISO/IEC11801—2000+。

ISO/IEC11801 的修订稿 ISO/IEC11801—2000 对链路的定义进行了修正。ISO/IEC 认为以往的链路定义应被永久链路和通道的定义所取代。此外,将对永久链路和通道的等电平远端串扰、综合近端串扰、传输延迟进行规定。而且,修订稿也将提高近端串扰等传统参数的指标。应当注意的是,修订稿的颁布,可能使一些全部由符合现行 5 类标准的线缆和元件组成的系统达不到 Class D 类系统的永久链路和通道的参数要求。

另外,ISO/IEC 在 2001 年推出第二版的 ISO/IEC11801 规范 ISO/IEC11801—2000+。这个新规范将定义 6 类、7 类线缆的标准（截至目前只有瑞士和德国有相应标准问世）,给布线技术带来革命性的影响。第二版的 ISO/IEC11801 规范把 Cat.5/Class D 的系统按照 Cat.5+ 重新定义,以确保所有的 Cat.5/Class D 系统均可运行千兆位以太网。更为重要的是, Cat.6/Class E 和 Cat.7/Class F 类链路将在这一版的规范中定义。布线系统的电磁兼容性（EMC）问题也将在新版的 ISO/IEC11801 中考虑。

（三）即将公布的 ISO/IEC 11801A（PROPOSED ISO/IEC 11801A）

这是即将公布的下一个 11801 规范,它集合了以前版本的修正并加入了对 Class E 和 Class F 布线电缆和连接硬件的规范。它也将增加关于宽带多模光纤（50/125μm）的标准化问题,这类系统将在 300m 距离内支持 10Gb/s 数据传输。

四、国内标准

（一）国家标准

2000年3月，针对国内布线市场的发展，由信息产业部会同有关部门共同制定了《建筑与建筑群综合布线系统工程设计规范》和《建筑与建筑群综合布线系统工程验收规范》，经有关部门会审，批准为推荐性国家标准正式颁布施行，编号分别为 GB/T50311—2000 和 GB/T50312—2000 这两个标准的出台规范了国内的布线施工和布线测试，为网络的迅速发展和普及起到了积极的作用。但由于上述两个标准只制定到支持 100Mb/s 传输速率的 5 类布线系统，没有涉及 Cat.5e 以上的布线系统，因此相对于近一两年来国际布线产品和测试技术的发展未免稍显滞后。目前，这一问题已经引起有关部门的注意，新标准的制定工作已经启动，相信适应我国综合布线系统工程要求的标准不久就会出台，进一步满足现代化城市建设和信息通信网向数字化、综合化、智能化方向发展的要求。

（二）行业标准

1997年9月9日，我国通信行业标准《大楼通信综合布线系统》（YD/T926）正式发布，并于1998年1月1日起正式实施。该标准包括以下3部分：

① YD/T926.1—1997：大楼通信综合布线系统第1部分，总规范；

② YD/T926.2—1997：大楼通信综合布线系统第2部分，综合布线用电缆、光缆技术要求；

③ YDIT926.3—1997：大楼通信综合布线系统第3部分，综合布线用连接硬件技术要求。

2001年10月19日，由我国信息产业部发布了中华人民共和国通信行业标准《大楼通信综合布线系统》第二版（YD/T926—2001），并于2001年11月1日起正式实施。该标准包括以下3部分。

① YD/T926.1—2001：大楼通信综合布线系统第1部分，总规范。

本部分对应于 ISO/IEC11801 除第8章、第9章外的部分。

本部分与 ISO/IEC11801 的一致性程度为非等效，主要差异如下：

对称电缆布线中，不推荐采用 ISO/IEC11801 中允许的 120Ω 阻抗电缆品种及星绞电缆品种。链路的试验项目与验收条款比 ISO/IEC11801 更加具体。

对综合布线系统与公用网的接口提出了要求。

对称电缆 D 级永久链路及信道的指标较 ISO/IEC11801—1999 有所提高，与 ANSI/TIA/EIA-568-A5—2000 的指标一致。

② YD/T926.2—2001：大楼通信综合布线系统第 2 部分，综合布线用电缆、光缆技术要求。

③ YDIT926.3—2001：大楼通信综合布线系统第 3 部分，综合布线用连接硬件技术要求。

本标准是通信行业标准，对接入公用网的通信综合布线系统提出了基本要求。这是目前我国唯一的关于 Cat.5e 布线系统的标准。该标准的制定参考了美国《商业建筑通信布线系统标准》（ANSI/TIA/EIA-568-A—1995）及《100 欧姆 4 对超 5 类布线传输特性规范》（ANSI/TIA/EIA-568-A5—2000）、《国际建筑通用布线标准》（ISO/IEC11801）。我国通信行业标准《大楼通信综合布线系统》（YD/T926）是通信综合布线系统的基本的技术标准。符合 YD/T926 标准的综合布线系统也符合 ISO/IEC11801。

我国国家建设部于 2016 年 8 月 26 日发布第 1292 号公告，分别批准《综合布线系统工程设计规范》（GB50311—2016）、《综合布线系统工程验收规范》（GB50312—2016）为国家标准。《综合布线系统工程设计规范》编号为 GB50311—2016，自 2017 年 4 月 1 日起实施。其中，第 4.1.1、4.1.2、4.1.3、8.0.10 条为强制性条文，必须严格执行。原《综合布线系统工程设计规范》（GB50311—2007）同时废止。《综合布线系统工程验收规范》，编号为 GB/T50312—2016，自 2017 年 4 月 1 日起实施。原《综合布线系统工程验收规范》（GB50312—2007）同时废止。

新标准是在 2007 版标准的基础上结合实践经验编写的，更为完善，更加符合目前行业的发展。此次公布的新标准是由中国建筑标准设计研究院、北京市建筑设计研究院、中国建筑设计研究院、中国建筑东北设计研究院等研究院的专家组在一起编写的。新标准与原标准相比更加实用，更具可操作性，注入了相当多的新内容，特别是设计内容，80% 都是新的，而验收标准在大框架不变的情况下，内容也得到了很好的完善。

新标准的变动追随几个主导思想：一是和国际标准接轨，以国际标准的技术要求为主，避免造成厂商对标准的一些误导；二是符合国家的法规政策，新标准的编制体现了国家最新的法规政策；三是很多的数据、条款的内容更贴近工程应用，规范让大家用起来方便，不抽象，具有实用性和可操作性。

7.3　电缆传输系统的测试

电缆传输系统的测试分为验证测试和认证测试，验证测试是施工过程中及验收之前由施工者对传输链路进行随工测试和交工前测试，这种测试的重点是检验传输链路的连通性，可以及时处理施工中出现的相关问题；也可以对施工后的链路参数进行预测做到对工程质量心中有数，以便顺利通过验收。认证测试就是根据国家标准或国际标准使用符合标准要求的测试仪器，对电缆传输通道按照标准所要求的各项参数指标逐项进行测试和比较，判断出每项参数是否达标。这些测试结果将作为传输系统验收的最重要的依据。

一、电缆链路的测试方式

在国内标准《综合布线系统工程验收规范》中只定义了两种测试方式，即基本链路测试方式和信道测试方式。随着 6 类布线技术的发展，在北美制定的 ANSI/TIA/EIA-568-B 标准中对链路的验证已被永久链路所替代。

（一）基本链路测试方式

这是工程承包商采用的连接方式。该方式包括最长 90m 的端间固定连接水平缆线和在两端的接插件（一端为工作区信息插座，另一端为楼层配线架、跳线板插座）及连接两端接插件的两条 2m 长的测试线。

（二）信道测试方式

信道有时也称为通道，该方式用以验证包括用户终端连接线在内的整体通道的性能，即端到端的链路。

通道连接包括最长 90m 的水平线缆、一个信息插座、一个靠近工作区的可选的附属转接连接器、在楼层配线间跳线架上的两处连接跳线和用户终端连接线，总长不得超过 100m（设备到通道两端的连接线不包括在通道定义之内）。

（三）永久链路测试方式

永久链路测试方式供安装人员和数据电信用户用来认证永久安装电缆的性能，今后将替代基本链路方式。永久链路信道由 90m 水平电缆（不包括链路以外总共 4m 的测试跳线）和 1 个接头（必要时再加 1 个可选转接/汇接头）组成。永久链路配置不包括现场测试仪插接软线和插头。采用永久链路测试，可以得到诸如 NEXT、PSNEXT、PSELFEXT、插入损耗、功率和衰减串扰比（PSACR）、回波损耗等参数值，这样，用户使用现场测试仪对布线系统进行验证时，得到的是用户真正使用的链路的性能，真实地反映了布线系统的性能和安装质量。

二、电缆链路的验证测试

验证测试只是测试电缆的通断、线序以及长度。验证测试一般在阶段性完工时进行测试，如果工程小，也可以在综合布线工程总体完工前进行测试。具体采用哪一种测试方式视现场情况而定，但是比较少采用随工测试方式。

在施工中所遇到的错误经常是千奇百怪的，各种原因都有，验证测试可以将大部分错误检查出来。在电缆施工中常见的是连接故障，例如，电缆标签贴错、连接不良、开路、短路、电缆与信息插座间的接线图错误等。这些故障的特点和原因如下：

开路、短路：通常是在施工过程中由使用工具不当或者接线技巧不够而导致的，也可能是由在放线过程中用力过大或摩擦过大而导致的。

反向线对：将同一线对的线序接反，通常在打线时由粗心大意所致。

交叉线对：一端使用568A线序标准，另一端使用568B线序标准，可能由在施工之初没有定好使用的标准所导致，也可能由每个人的习惯不同所致。

串对：线序没有按照标准进行排列，此种情况经常发生，通常由粗心大意所致，也可能由使用的双绞线质量太差，线上的色标容易掉，导致打线时看不出来线的色标。

三、电缆链路的认证测试

认证测试是基于行业的国际或国内的标准对电缆进行测试的，测试完成后要有测试报告。报告中包括了测试地点、操作人员和仪器、测试的标准、电缆的识别号、测试的具体参数和结果等。

（一）电缆测试的内容

根据《综合布线系统工程验收规范》（GB50312—2016）中的定义，电缆系统测试分为基本项目测试和任选项目测试，基本项目测试包含长度、接线图、衰减、近端串扰，任选项目包含除基本测试以外的项目。电缆测试的种类主要有3类和5类两种，但随着布线技术的发展，布线的种类已经变为超5类和6类两种，如果再依据国内的标准已经不能满足实际测试的需求了。

5类以上的布线标准主要依据如下标准：① ANSI/TIA/EIA-568-B 标准：3类和超5类；② ANSI/TIA/EIA-568-B.2-1—2002：6类；③ ISO/IEC11801—2002：6类。

超5类和6类电缆系统的测试内容除了5类标准的4个基本检测项目外还增加了回波损耗、衰减串扰比、近端串扰、等电平远端串扰、远端串扰功率和传输时延、传输时延偏差、环路电阻和阻抗等技术参数的测试。

表 7-1 是不同种类电缆系统测试内容参数的比较。

表 7-1　不同种类电缆测试内容参数的比较

参数	5 类	超 5 类	6 类
频带宽度	100MHz	100MHz	250MHz
衰减	22dB	22dB	19.8dB
阻抗	100Ω±15%	100Ω±15%	100Ω±15%
近端串扰	32.3dB	35.3dB	44.3dB
近端串扰功率和	无定义	32.3dB	42.3dB
等电平远端串扰	无定义	23.8dB	27.8dB
等电平远端串扰功率和	无定义	20.8dB	24.8dB
回波损耗	16.0dB	20.1dB	20.1dB
传输时延偏差	无定义	45ns	45ns

ISO/IEC11801—2002-Class E 与 ANSI/TIA/EIA-568-B.2-1—2002 的标准不同之处如下：

① 3dB 原则——当回波损耗小于 3dB 时，可以忽略回波损耗值，这一原则都适用于 TIA 和 ISO 的标准；

② 4dB 原则——当回波损耗小于 4dB 时，可以忽略近端串扰值，这一原则只适用于 ISO/IEC11801 标准的修订版。

（二）认证测试的参数和指标

1. 打线图（5 类标准必测的参数）

打线图（Wire Map）是用来检验线缆两端的打线方式是否匹配的，根据打线标准（568-A、568-B）有固定的色标，包括了信息模块的打线方法。要尽量做到统一打线标准，否则可能因打线错误而造成网络通信的不正常。打线方法如图 7-2 所示。

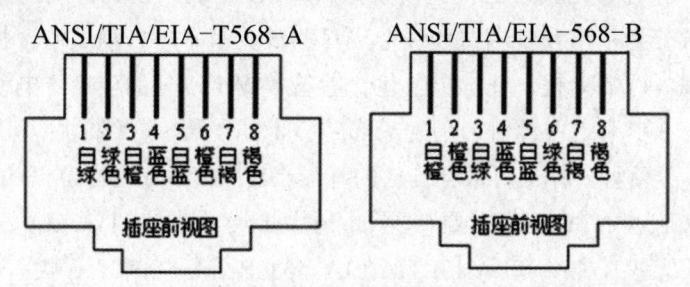

图 7-2　ANSI/TIA/EIA-568-A 和 ANSI/TIA/EIA-568-B 的线序

这两种打法是施工中经常使用的打法，在以太网里规定了 pin1、pin2 是一绞对，负责网络数据的发送，pin3、pin6 是一绞对，负责网络数据的接受，因此 1、2 一对，3、6 一对，4、5 一对，7、8 一对的打法是必须的，并不能 1、

2、3、4、5、6、7、8这样打，这样打叫做串绕，会导致严重的信号泄漏（详见 NEXT：近端串扰），所以在布线过程当中要注意打线的方法，下面列举一些打线错误的例子。

（1）开路

开路指线路中有断开现象，一般是由水晶头处的线缆接触不良造成的，可以用线缆测试设备进行故障点定位。

（2）短路

短路指线路中有一根或多根线金属内芯互相接触，导致短路。

（3）错对/跨接

错对/跨接指在布线过程中两端的打线方法错误，即一端使用了 568-A，另一端使用了 568-B 的打法，通常此种打线方法用在网络设备的级连或者网卡之间的连接，但作为一般的布线来说只需要两端的打线方法一致，模块的打线方法可以参考上面的色标。

（4）反接

反接是由一个线对的两端正负极连接错误导致的，一般认为奇数线号为正电极，偶数线号为负电极，如 568-B 中为 pin1 的白橙线为第一线对的正极，pin2 的橙线为负极，这样可以形成直流环路，反接就是在打线时同一线对的正负极弄混了。

（5）串绕

串绕是打线中常见错误的一种，是没有严格遵守打线标准的做法，标准中规定的是 1、2 为一线对，3、6 为一线对，如果把 3、4 打成了一个线对会造成较大的信号泄漏，即产生了 NEXT，这样会导致用户上网困难或者网络间接性中断，尤其在 100Mb/s 的网络中表现得尤为明显。

2. 长度（5 类标准必测的参数）

各个测试模型所规定的长度（Length）不一样，基本上遵循了以太网的访问机制即载波侦听多路访问/冲突检测（CSMA/CD），以下为各个标准所规定长度的情况：

①基本链路（Basic Link）：长度极限为 90m，其中包括了两端的测试跳线；

②永久链路（Permanent Link）：长度极限为 94m，包括了两端的测试跳线；

③通道链路（Channel Link）：长度极限为 100m，包括了两端的测试跳线、链路中的转接和信息模块。

应该注意的是，我们所说的长度是指线缆绕对的长度，并不是指线缆表皮的长度。因为一般来说绕对的长度要比表皮的长度长,并且由于每对线对的绞率不同,4个绕对线缆的长度可能不一。

要精确地计算线缆的长度,就要有准确的额定传输速度值,通过一系列的计算,算出精确的长度。

$$额定传输速度 = \frac{信号在线缆中传输的速度}{信号在真空中传输的速度} \times 100\%$$

额定传输速度值一般为69%,此值可以咨询生产厂商。

3. 衰减（5类标准必测的参数）

衰减（Attenuation）为链路中传输所造成的信号损耗（以dB表示）。一般造成衰减的原因包括电缆材料的电气特性和结构、不恰当的端接、阻抗不匹配形成的反射。如果衰减过大,会造成电缆链路传输数据不可靠。

4. 近端串扰（5类标准必测的参数）

近端串扰是标准中比较重要的参数,由于此参数是作为线缆质量评估的重要砝码,所以在这里向大家详细介绍一下。

首先要了解双绞线要双绞的原因,由于每对双绞线上都有电流流过,有电流就会在线缆附近造成磁场,为了尽量抵消线与线之间的磁场干扰,包括抵消近场与远场的影响,达到平衡的目的,所以把同一线对进行双绞,但是在做水晶头时必须把双绞拆开,这样就会造成1、2线对的一部分信号泄漏出来,被3、6线对接收到,泄漏下来的信号,我们称之为串音或串扰,因为发生在信号发送的近端,所以叫做近端串扰。我们所使用的福禄克（FLUKE）线缆测试仪DSP系列通过时域到频域的转换,测试的结果是频率的函数,同时因为通过在时域发送一个方波信号（相当于无数正弦波的叠加）,测量范围为1~100MHz（Cat5、Cat5e）、1~250MHz（Cat6）,DSP-4x00系列可以测到350MHz,为将来的测试留有非常大的裕量,可以满足不同的测试需求。

5. 直流环路电阻

由于任何导线都存在电阻,双绞线也不例外,直流环路电阻（DC Loop Resistance）是一对双绞线电阻之和。100Ω非屏蔽双绞线电缆直流环路电阻不大于19.2Ω/100m,150Ω屏蔽双绞电缆直流环路电阻不大于12Ω/100m。测量直流环路电阻时,应在线路的远端短路,在近端测量直流环路电阻。测量的值应与电缆中导线的长度和直径相符合。

6. 衰减串扰比

衰减串扰比（Attenuation to Crosstalk Ratio, ACR）或衰减与串扰的差（以

分贝表示），并非另外的测量量，而是衰减和串扰的计算结果，类似信号噪声比。

衰减串扰比＝近端串扰值－衰减值

其含义是一个线对感应到的泄漏的信号（近端串扰值）与预期接收的正常的经过衰减的信号（衰减值）的比较，最后的值应该越大越好。

7. 回波损耗

在全双工的网络当中，当一个线对负责发送数据的时候，在传输过程当中遇到阻抗不匹配的情况时就会引起信号的反射，即整条链路有阻抗异常点，一般情况下 UTP 的链路的特性阻抗为 100Ω 在标准里可以有 ±15% 的浮动，如果超出范围则就是阻抗不匹配，信号反射的强弱与阻抗和标准的差值有关，例如断开时阻抗无穷大，导致信号 100% 的反射。由于是全双工通信，整条链路既负责发送信号也负责接收信号，如果遇到信号的反射，之后与正常的信号进行叠加后就会造成信号的不正常，尤其对于全双工的网络来说，回波损耗（Return Loss）值非常重要。

8. 传输时延

传输时延（Propagation Delay）即信号在每对链路上传输的时间，用 ns 表示。一般极限值为 55ns 如果传输时延偏大，会造成延迟碰撞增多。

9. 传输时延偏差

传输时延偏差（Delay Skew）即信号在线对上传输时最小时延和最大时延的差值，用 ns 表示，一般范围在 50ns 以内。在千兆网中，由于可能使用 4 个线对传输，且为全双工，在数据发送时，采用了分组传输，即将数据拆分成若干个数据包，按固定顺序分配到 4 个线对上进行传输，而在接收时，又按照反向顺序将数据重新组合，如果延时偏差过大，那么势必造成传输失败。

10. 近端串扰功率和

近端串扰功率和（Power Sum NEXT，PSNEXT）用于测量因三个临近线对上近端信号的多余耦合引起的任何电缆线对上的噪声。任何线对的近端串扰功率和通过在该线对和三个其他线对之间测量的近端串扰的功率总和来计算。

近端串扰功率和用三个输入的近端串扰测试信号水平与同一电缆端剩余线对上出现的耦合噪声信号水平间的比率来表示。近端串扰功率和比率用 dB 值来表示。

11. 远端串扰

远端串扰（Far End Cross Talk，FEXT）和近端串扰就好像是亲兄弟，但性格相反。当一个线对发送信号时,近端串扰从其他对向回反射而远端串扰则从其他对向远端反射,所以远端串扰和发送的信号所走的距离几乎相同,所用的时间也几乎相同。

12. 等电平远端串扰

等电平远端串扰(ELFEXT)是远端串扰和衰减信号的比,可以简单地用公式表示为

$$等电平远端串扰 = \frac{远端串扰值}{衰减值}$$

实际上,这是信噪比的另一种表达方式,即两个以上的信号朝同一方向传输(1000Base-T)时的情况。千兆网用 4 个线对同时来发送一组信号,再在接收端组合。具有同样方向和传输时间的串扰信号就会干扰正常信号在接收端的组合,所以这就要求链路具有很好的等电平远端串扰值。

等电平远端串扰用于测量电缆远端因线对间多余信号耦合引起的临近线对的噪声。等电平远端串扰通过在一个电缆线对的近端输入一个已知的测试信号,然后测量同一电缆另一端另一线对上的耦合噪声来进行测量。

等电平远端串扰用测试电缆远端的信号的衰减水平与同在远端另一线对上出现的耦合噪声信号水平间的比率来表示。等电平远端串扰比率用 dB 值来表示。等电平远端串扰的 dB 值越大,则电缆线对间的信号耦合越少(性能越好)。

13. 等电平远端串扰功率和

等电平远端串扰功率和(Power Sum Equal Level Far End Crosstalk,PS ELFEXT)用于测量因三个临近线对上远端信号的多余耦合引起的任何电缆线对上的噪声。任何线对的等电平远端串扰功率和通过在该线对和三个其他线对之间测量的等电平远端串扰的功率总和来计算。

等电平远端串扰功率和用测试电缆远端的三个测试信号的衰减水平与同在远端剩余线对上出现的耦合噪声信号水平间的比率来表示。等电平远端串扰功率和比率用 dB 值来表示。

等电平远端串扰功率和的 dB 值越大,则电缆线对间的信号耦合越少(性能越好)。

四、常见测试问题

系统测试中容易出现的问题包括是否正确使用测试仪器和发现测试参数是否正常(通过或未通过)的原因及其故障排除。

①正确选择仪器,正确使用仪器。例如,通过仪器可以迅速判定出短路、断路,查明故障,测试结果必须编号储存,测试仪器提供的报告是不可修改

的文件,并可打印存档,确保用户利益。

测试时必须注意两个单位:MHz、Mb/s(Mbit/s)。MHz是频率带宽的单位,Mb/s是传输速率的单位。例如,ATM传输数字信号,其传输速率为155Mb/s,而它所需要的传输频率带宽仅为67MHz。因此,只有测试频率通过测试的系统才可以运行ATM网络。

②屏蔽对绞电缆测试。由于国际标准及国家标准尚未制定屏蔽对绞电缆的屏蔽特性,屏蔽电缆系统的测试还不规范。根据当前标准的意见,对于符合当前UTP标准要求的屏蔽电缆和连接硬件构成的综合布线系统电气性能的测试可使用当前UTP标准,但是这样难以保证屏蔽电缆系统的性能。

通常进行屏蔽电缆屏蔽层两端导通现场的测试,并结合全屏蔽直流电阻的要求,确保良好屏蔽。如果施工中未做到所有屏蔽接地点的可靠接地,不但不能发挥屏蔽作用,而且屏蔽可能造成更大的干扰。所以一般电缆系统多使用UTP系统。

③关于工程测试中怎样把握超5类、6类、7类电缆系统的测试标准,虽然现场测试具体内容不包括在GB/T50312—2016之中,但它明确了5类以上电缆系统现场测试具体内容不应包括在原5类布线测试基本项目上增测的几个项目,并明确了参照《综合布线系统电气特性通用测试方法》(YD/T1013—2013)所规定的内容和测试要求进行。

7.4 光缆传输通道的测试

一、光缆测试参数

(一)衰减

衰减是光纤中光功率减少量的一种度量,它取决于光纤的工作(波长)类型和长度,并受测量条件的影响。

在波长λ(单位:mm)处,一段光纤上相距为L(单位:km)的两个横截面1和2之间的衰减$A(\lambda)$定义为

$$A(\lambda) = 10\lg[P_1(\lambda)/P_2(\lambda)] \text{ (dB)}$$

式中: $P_1(\lambda)$——在波长为λ时,通过横截面1的光功率,mW;
$P_2(\lambda)$——在波长为λ时,通过横截面2的光功率,mW。

通常,对于均匀光纤来说,可用单位长度的衰减,即衰减系数反映光纤的衰减性能的好坏。衰减系数$\alpha(\lambda)$定义为

$$\alpha(\lambda) = A(\lambda)/L = [10\lg \frac{P_1(\lambda)}{P_2(\lambda)}]/L \text{ (dB/km)}$$

式中：L——光纤长度，km；

$\alpha(\lambda)$——选择的光纤长度无关。

在《综合布线系统工程设计规范》（GB50311—2016）中定义了光缆布线链路的最大衰减值，表 7-2 列出了光缆允许带宽衰减值，而表 7-3 列出了各子系统允许长度和衰减值。

表 7-2　光缆允许带宽衰减值

光缆模式	波长（nm）	最大衰减（dB/km）	带宽（MHz）
多模	850	3.5	200
	1300	1	500
单模	1310	1	—
	1550	1	—

表 7-3　各子系统允许长度和衰减值

光缆应用类型	链路长度（m）	多模衰减值（dB） 850（nm）	多模衰减值（dB） 1300（nm）	单模衰减值（dB） 1310（nm）	单模衰减值（dB） 1550（nm）
配线子系统	100	2.5	2.2	2.2	2.2
干线子系统	500	3.9	2.6	2.7	2.7
建筑群子系统	1500	7.4	3.6	3.6	3.6

（二）光插入损耗

光插入损耗是光纤链路中的各段光纤、光链路器件的损耗（包括预留裕量）之总和（dB 值），即向一个链路发射的光功率和这个链路的另一端接收的光功率的差值。

（三）光回波损耗

光回波损耗又称为反射损耗，它指在光纤连接处，后向反射光相对输入光的比率的分贝数，回波损耗越大越好，以减少反射光对光源和系统的影响。将光纤端面加工成球面或斜球面是改进回波损耗的有效方法。

在《综合布线系统工程设计规范》（GB50311—2016）中定义了光缆最小回波损耗值，如表 7-4 所示。

表 7-4　光缆最小回波损耗值

光纤模式，标称波长（nm）	最小的光回波损耗值限值（dB）
多模，850	20
多模，1300	20

续表

光纤模式，标称波长（nm）	最小的光回波损耗值限值（dB）
单模，1310	26
单模，1550	26

（四）最大传输延迟

最大传输延迟是光纤链路中从光发射器到光接收器之间的传输时间。

（五）带宽

在《综合布线系统工程设计规范》（GB50311—2016）中定义了多模光缆的最小光学模式带宽如表 7-5 所示。

表 7-5　多模光缆最小带宽值

标称波长（nm）	最小模式带宽（MHz）
850	100
1300	250

（六）长度

长度即光缆线的长度，依据出厂厂商标出的位置尺寸计算或由测试仪测试。

二、光缆测试仪器

（一）光功率计

光功率计用于测量绝对光功率或通过一段光纤的光功率相对损耗。在光纤系统中，测量光功率是最基本的。光功率计非常像电子学中的万用表，在光纤测量中，光功率计是重负荷常用表，光纤技术人员应该人手一个。通过测量发射端机或光网络的绝对功率，一台光功率计就能够评价光端设备的性能。用光功率计与稳定光源组合使用，则能够测量连接损耗、检验连续性，并帮助评估光纤链路传输质量。

（二）稳定光源

稳定光源对光系统发射已知功率和波长的光。稳定光源与光功率计结合在一起，可以测量光纤系统的光损耗。对现成的光纤系统，通常也可把系统的发射端机当作稳定光源，如果发射端机无法工作或没有发射端机，则需要单独的稳定光源。稳定光源的波长应与系统端机的波长尽可能一致。在系统安装完毕后，经常需要测量端到端的损耗，以便确定连接损耗是否满足设计要求,如测量连接器、接续点的损耗以及光纤本体损耗。

(三) 光万用表

光万用表用来测量光纤链路的光功率损耗。常用的有以下两种光万用表:
①由独立的光功率计和稳定光源组成的;
②光功率计和稳定光源结合为一体的集成测试系统。

在短距离局域网(LAN)中,端点距离在步行或谈话之内,技术人员可在任意一端成功地使用经济性组合光万用表,一端使用稳定光源,另一端使用光功率计。对于长途网络系统,技术人员应该在每端装备完整的组合或集成光万用表。

当选择仪表时,温度或许是最严格的标准。贝尔通信研究所(Bell Core)推荐现场便携式设备应在-18℃(无湿度控制)至50℃(95%湿度)范围内使用。

(四) 光时域反射仪

时域表现为光纤损耗与距离的函数。借助光时域反射仪,技术人员能够看到整个系统轮廓,识别并测量光纤的跨度、接续点和连接头。在诊断光纤故障的仪表中,光时域反射仪是最经典的,也是最昂贵的仪表。与光功率计和光万用表的两端测试不同,光时域反射仪仅通过光纤的一端就可测得光纤损耗。光时域反射仪轨迹线给出系统衰减值的位置和大小,如任何连接器、接续点、光纤异形或光纤断点的位置及其损耗大小。光时域反射仪可被用于以下三个方面:
①在敷设前了解光缆的特性(长度和衰减);
②得到一段光纤的信号轨迹线波形;
③在问题增加和连接状况每况愈下时,定位严重故障点。

(五) 故障定位仪

故障定位仪(Fault Locator)是光时域反射仪的一个特殊版本,故障定位仪可以自动发现光纤故障所在,而不需光时域反射仪的复杂操作步骤,其价格也只是光时域反射仪的几分之一。

选择光纤测试仪表,一般需考虑四个方面的因素:确定被测系统参数、明确工作环境、比较性能要素、了解仪表的维护。

三、常见解决错误的方法

在实际施工中造成链路衰减不合格可能的原因分析如表7-6所示。

表 7-6 链路衰减不合格原因分析

可能的原因	解决方法
连接其尖端可能有残留化合物	使用光学仪器进行检查，如有必要进行重新研磨
连接器研磨质量不高	使用光学仪器进行检查，如有必要进行重新研磨
耦合器/连接器脏	检查连接并根据厂商要求进行清洁处理
光纤折断	使用光时域反射仪找到折断处处理
光纤未对准熔接问题造成分支不好	使用光时域反射仪找到分支问题进行处理
在配线面板中以及分支盒中的光纤弯曲半径小于最小弯曲半径指标	使用光时域反射仪等设备找到弯曲处修正它们或增大弯曲半径

7.5 网络综合布线测试报告样例、通用测试报告单、通用光缆测试报告单

一、通用测试报告单

通用测试报告单如表 7-7 所示。

表 7-7 通用测试报告单

序号	编号			内容								后记
^	地址号	缆线号	设备号	长度	接线图	衰减	近端串音（2端）	电缆屏蔽层连通情况	其他任选项目	衰减	长度
^	^	^	^	电缆系统						光缆系统		^
测试日期、人员及测试仪表型号											
处理情况											

二、通用光缆测试报告单

通用光缆测试报告单如表 7-8 所示。

表 7-8 通用光缆测试报告单

光缆编号			
光缆类型		芯数	
测试设备名称		测试设备序列号	
测试光源波长		CPR	
光缆起始位置		光缆结束位置	
序号	光纤标号	衰减	长度
1			
2			
3			
4			
5			
6			
7			
8			
9			
10			
11			
12			
13			
14			
15			
16			
17			
18			
19			
20			
21			
22			
23			
24			
测试人员		测试时间	

模块 8 网络综合布线系统设计实例

8.1 任务的引入与分析

一、任务引入

本模块主要是为用户提供一份完整可行的布线系统方案,其内容包括信息点数及点位的确定,电缆、线槽、桥架、管线的敷设方式及规格、型号的选择,由此确定各有关子系统的布线产品型号和数量,然后绘出布线系统图,从而得出材料清单和工程概算。

经过前面的学习,我们已经掌握了网络综合布线的相关知识。现在,我们将在引导下,综合应用前面所学知识,为某办公大楼设计综合布线系统工程方案。

二、任务分析

①了解网络综合布线系统工程的设计、施工及验收标准。
②掌握网络布线施工图的设计内容和要求。
③掌握网络布线的总体设计原则和方案。
④掌握网络布线的详细设计。
⑤了解技术支持服务的内容。

8.2 网络综合布线工程项目建议书样例

本样例列出了网络综合布线系统的通用结构,可以根据实际的项目大小和内容进行取舍,也可以采用不同的机构以适应特殊的项目要求。

网络综合布线工程项目建议书格式框架模板参考如下。

一、概述

略

二、需求分析

略

三、建网目标

①近期目标
②远期目标

四、参照的标准及建网原则

①设计标准
②施工及验收标准
③建网原则

五、总体设计

①总体设计方案介绍
②网络管理设计
③网络安全性设计
④网络可扩充性设计

六、网络布线详细设计

①建筑群系统布线设计
②管理间子系统设计
③设备间子系统设计
④垂直子系统设计
⑤水平子系统设计
⑥工作区子系统设计
⑦测试与文档
⑧布线材料的选择
⑨施工材料和设备的选择

七、技术服务与支持

略

八、附录

①工程预算清单
②设计单位介绍
③项目设计人员介绍
④资格证书

8.3 网络综合布线施工图设计

一、设计内容

提供可供施工的图纸,主要由图纸目录、设计说明、设备表、材料表、图例、系统图、楼层平面图、建筑群平面图和供电系统图等组成。

二、施工图设计要求

施工图设计就是将设计者的设计意图和施工要求以图纸的形式准确地表达出来,用以指示施工人员具体操作安装。施工图设计根据方案设计进行编制。

施工图设计应满足以下要求:
①根据图纸,可进行施工和安装;
②根据图纸,可编制施工图预算;
③根据图纸,可安排材料、设备订货和非标准设备的制作;
④根据图纸,可进行工程验收。

三、系统图

由系统图可以看出整个网络的拓扑结构,如星型、环形、总线型等,还可列出光缆的数量、类别、路由、敷设方式和每根光缆的芯数,如垂直系统的布线方式和类别、水平系统的电缆根数、面板个数、电话线的数量、配线架所在的楼层位置等。

四、平面布置图

平面布置图绘制出了水平布线的路由和方式，如桥架敷设、埋管敷设等。平面布置图还绘制出了信息端口在每个房间的位置、数量和编号，弱电井和设备间的位置，设备间放置的布线材料和进出设备间电缆的类型和种类。

五、主要材料、设备表

图纸上列出的材料和设备表是为了方便建设单位和施工单位进行工程预算、设备采购和编制施工组织计划的依据。表内应列出所有子系统布线产品的规格、型号、数量、单位及对应的重要参数，产品的品牌可以不指定，由采购单位自行决定。

六、文字符号标注格式

鉴于目前综合布线系统设计图纸中，标注格式比较混乱，尚未形成业界公认的、统一的表达格式，给施工和交流带来诸多不便。为此，笔者提出以下建议，供设计人员参考。

参照传统电话系统的标注格式，在综合布线系统中线缆的标注采用如下形式：

$$A\text{-}B\times C\text{-}D\text{-}E$$

其中：

A——编号；

B——线缆根数；

C——线缆型号；

D——敷设方式和管井。

配线设备的标注可以采用下面的方式：

$$A\text{-}B\times C\text{-}D$$

其中：

A——编号；

B——配线设备数量；

C——配线设备型号；

D——配线设备容量（对数或口数）。

轨迹规定的线路敷设方式文字符号和线缆敷设部位文字符号分别如表8-1和表8-2所示。

表 8-1　线路敷设方式文字符号

序号	中文名称	英文名称	旧符号	新符号	备注
1	暗敷	Concealed	A	C	—
2	明敷	Exposed	M	E	—
3	铝皮线卡	Aluminum clip	QD	AL	
4	电缆桥架	Cable tray	—	CT	
5	金属软管	Flexible metallic conduit		F	
6	水煤气管	Gas tube (pipe)		G	
7	瓷绝缘子	Porcelain insulator (knob)	G	G	
8	钢索敷设	Supported messenger wire	S	M	
9	金属线槽	Metallic raceway	—	MR	
10	电线管	Electrical metallic tubing	DG	T (MT)	
11	塑料管	Plastic conduit	SG	P (PC)	
12	塑料线卡	Plastic clip	—	PL (PCL)	含尼龙线卡
13	塑料线槽	Plastic raceway	—	PR	
14	钢管	Steel conduit	GG	S (SC)	
15	半硬塑料管	Semiflexible P.V.C. conduit	—	FPC	
16	直接埋设	Directs burial	—	DB	

表 8-2　线缆敷设部位文字符号

序号	中文名称	英文名称	旧符号	新符号	备注
1	沿梁或跨梁敷设	Along or across beam	L	B (AB)	—
2	沿柱或跨柱敷设	Along or across column	Z	A (AC)	—
3	沿墙面敷设	On wall surface	Q	W (WC)	—
4	沿天棚或顶面板敷设	—	P	CE	
5	吊顶内敷设	—	R	SCE	
6	暗敷在梁内	Concealed in beam		BC	
7	暗敷在柱内	—		CLC	
8	墙内敷设	In wall	—	W	
9	地板或地面下敷设	In floor ground	D	F (FR)	—
10	暗敷在屋面或顶板内	Concealed in ceiling slab		CC	—

·119·

8.4 某企业信息网综合布线系统设计方案

一、概述

某钢铁厂是我国著名的特大型钢铁生产企业，随着生产规模的不断扩大和现代化新技术的不断应用，企业信息数据的处理量相对膨胀，而原有的物流、信息流等管理模式有的仍处于手工处理阶段，即使部分实现了办公自动化，部门之间也存在着许多信息孤岛，彼此间信息流通不畅。所以该企业希望在整个公司内部进行公司信息化建设，即通过信息化建设的实施，在全公司范围内实现物流、资金流的有效管理和控制，提高对市场的应变能力，提高公司的整体管理水平和效益水平，加快公司对市场的相应速度，使公司的市场竞争力得到提高。

二、用户需求

（一）现有情况网络分析

上述钢铁公司由总公司和 8 个下属子公司组成。总公司目前有下属分公司 8 个，即材料公司、炼铁厂、炼钢厂、轧钢厂、焦化厂、热电厂、机修厂和销售公司。每个分公司都有独立的局域网，但是都没有互联互通。

公司目前有各类管理计算机约 1000 台，大多数单位的计算机都是独立使用的，没有实现很好的资源共享。

（二）需要实现的目标

①建立一个以总公司为核心，下属分公司为主要节点、分公司部门为枝干的三层企业网络系统；②建立一个覆盖本钢铁集团所有网络范围、处理其所有核心数据业务的集中式综合业务处理系统；③建立一个安全、稳定、可靠、具现代化水准的公司网络系统；④在满足集团公司产销一体化及其他应用所需的网络通信的基础上，下属分公司的网络系统提供网络接口和扩展的空间。

（三）需要实现的功能

①基于此网络平台实现整个公司的 ERP 企业管理系统；②基于此网络平台实现整个公司的视频会议系统；③基于此网络平台实现办公自动化系统；④基于此网络平台实现各分公司的信息发布平台；⑤基于此网络平台实现文件共享服务。

三、参照的标准

（一）设计的标准

①《智能建筑设计标准》（GB50314—2015）；

②《综合布线工程系统设计规范》（GB50311—2016）。

（二）验收标准

《综合布线系统工程验收规范》（GB/T50312—2016）。

（三）测试标准

①《综合布线系统电气特性通用测试方法》（YD/T1013—2013）；

②《光纤试验方法规范》（GB/T15972—2008）；

③《通信用单模光纤》（GB/T9771—2008）；

④《光缆总规范 第一部分：总则》（GB/T7424.1—2003）

⑤《通信光缆系列 第二部分：干线和中继用室外光缆》GB/T139993.2—1999。

四、总体设计

本方案采用分层网络结构。网络的核心层位于总公司和档案处两个地方，从而网络可以形成双链路互为冗余。网络的汇聚层连接本公司的 8 个下属子公司，且每个子公司都同时连接至总公司和档案处两个位置，整个网络形成网状结构。网络的第三层为各子公司原有的网络直接接入子公司节点机房即可。

（一）方案特点

本方案主要涉及综合布线系统的建筑群子系统、设备间子系统和管理间子系统三部分。本方案的内容主要是光缆长度的测量、芯数的确定和敷设方式的选择。

（二）网络的可靠性设计

为了考虑网络的可靠性，本网络采用网状结构，任一单节点故障都不影响其他网络节点的使用，任一单链路有问题都不影响整个网络的运行，如有一光缆链路断开，网络会自动调整链路结构、切换到没有问题的链路上。

（三）网络的扩展性设计

任一单链路采用 24 芯光缆，本网络只使用其中的两芯光缆，其余为系统备用，可以为系统提供其余的专用网络，如非常占用网络资源的视频会议系统等。

五、网络布线详细设计

（一）建筑群系统布线设计

建筑群系统布线采用光缆，敷设方式采用埋地和电缆沟敷设（有电缆沟的地方使用电缆沟，否则埋地敷设），具体的敷设光缆的长度经现场勘探人员测定如表 8-3 所示。

表 8-3 光缆明细表

起点	终点	长度	芯数
总公司	档案处	1.5	24
总公司	材料公司	2.3	24
总公司	炼铁厂	5	24
总公司	炼钢厂	8	24
总公司	轧钢厂	11.4	24
总公司	热电厂	12.3	24
总公司	机修厂	6.7	24
总公司	热电厂	8.6	24
总公司	销售公司	4.9	24
总公司	焦化厂	2.7	24
档案处	材料公司	3.8	24
档案处	炼铁厂	6.5	24
档案处	炼钢厂	9.5	24
档案处	轧钢厂	12.9	24
档案处	热电厂	13.8	24
档案处	机修厂	8.2	24
档案处	热电厂	10.2	24
档案处	销售公司	6.4	24
档案处	焦化厂	4.2	24

（二）设备间子系统

设备间子系统主要包含光缆进入机房的方式、光缆机柜和配线架和配件的数量确定、接地方式等。

设备间分布在各节点的主机房位置，主要负责光缆的接入和接出，在这里光缆的接头转换为适合室内使用的光纤跳线。

(三) 管理间子系统

管理子系统为本方案提供缆线、机柜和光端盒的标示和记录。各材料标示如表 8-4～表 8-7 所示。

表 8-4　设备间标示

位置	标示
总公司	A
档案处	B
材料公司	C
炼铁厂	D
炼钢厂	E
轧钢厂	F
焦化厂	G
热电厂	H
销售公司	I
机修厂	J

表 8-5　光缆标示

序号	光缆标示	含义
1	A-B-24M	总公司到档案处 24 芯多模
2	A-C-24S	总公司到材料公司 24 芯单模
3	A-D-24S	总公司到炼铁厂 24 芯单模
4	A-E-24S	总公司到炼钢厂 24 芯单模
5	A-F-24S	总公司到轧钢厂 24 芯单模
6	A-G-24S	总公司到焦化厂 24 芯单模
7	A-H-24S	总公司到热电厂 24 芯单模
8	A-I-24S	总公司到销售公司 24 芯单模
9	A-J-24S	总公司到机修厂 24 芯单模
10	B-C-24S	档案处到总公司 24 芯单模
11	B-D-24S	档案处到材料公司 24 芯单模
12	B-E-24S	档案处到炼铁厂 24 芯单模
13	B-F-24S	档案处到炼钢厂 24 芯单模
14	B-G-24S	档案处到轧钢厂 24 芯单模
15	B-H-24S	档案处到焦化厂 24 芯单模
16	B-I-24S	档案处到热电 24 芯单模
17	B-J-24S	档案处到销售公司 24 芯单模

表 8-6 机柜标示

序号	标示	位置
1	A-GG-01	总公司
2	B-GG-01	档案处
3	C-GG-01	材料公司
4	D-GG-01	炼铁厂
5	E-GG-01	炼钢厂
6	F-GG-01	轧钢厂
7	G-GG-01	焦化厂
8	H-GG-01	热电厂
9	I-GG-01	销售公司
10	J-GG-01	机修厂

表 8-7 光端盒标示

序号	标示	含义
1	A-GG-01-GDH-01-24	总公司1号机柜1号光端盒24口
2	A-GG-01-GDH-02-24	总公司1号机柜2号光端盒24口
3	A-GG-01-GDH-03-24	总公司1号机柜3号光端盒24口
4	B-GG-01-GDH-01-24	档案处1号机柜1号光端盒24口
5	B-GG-01-GDH-02-24	档案处1号机柜2号光端盒24口
6	B-GG-01-GDH-03-24	档案处1号机柜3号光端盒24口
7	C-GG-01-GDH-01-24	材料公司1号机柜1号光端盒24口
8	C-GG-01-GDH-02-24	材料公司1号机柜2号光端盒24口
9	D-GG-01-GDH-01-24	炼铁厂1号机柜1号光端盒24口
10	D-GG-01-GDH-02-24	炼铁厂1号机柜2号光端盒24口
11	E-GG-01-GDH-01-24	炼钢厂1号机柜1号光端盒24口
12	E-GG-01-GDH-02-24	炼钢厂1号机柜2号光端盒24口
13	F-GG-01-GDH-01-24	轧钢厂1号机柜1号光端盒24口
14	F-GG-01-GDH-02-24	轧钢厂1号机柜2号光端盒24口
15	G-GG-01-GDH-01-24	焦化厂1号机柜1号光端盒24口
16	G-GG-01-GDH-02-24	焦化厂1号机柜2号光端盒24口
17	H-GG-01-GDH-01-24	热电厂1号机柜1号光端盒24口
18	H-GG-01-GDH-02-24	热电厂1号机柜2号光端盒24口
19	I-GG-01-GDH-01-24	销售公司1号机柜1号光端盒24口
20	I-GG-01-GDH-02-24	销售公司1号机柜2号光端盒24口
21	J-GG-01-GDHJ-01-24	机修厂1号机柜1号光端盒24口
22	J-GG-01-GDH-02-24	机修厂1号机柜2号光端盒24口

(四) 测试和文档

网络布线施工完毕之后要对网络所使用到的线缆进行测试,因为本工程主要使用的是光缆,所以要对每一根光缆进行测试并填入相应的测试表格。表 8-8 给出了一根光缆测试的样表。

表 8-8 光缆测试表

序号	光纤标号	衰减（dB）	长度（km）
1	A－B－24M－蓝蓝	0.1	1.53
2	A－B－24M－蓝橙	0.1	1.53
3	A－B－24M－蓝绿	0.1	1.53
4	A－B－24M－蓝棕	0.1	1.53
5	A－B－24M－橙蓝	0.1	1.53
6	A－B－24M－橙橙	0.1	1.53
7	A－B－24M－橙绿	0.1	1.53
8	A－B－24M－橙棕	0.1	1.53
9	A－B－24M－绿蓝	0.1	1.53
10	A－B－24M－绿橙	0.1	1.53
11	A－B－24M－绿棕	0.1	1.53
12	A－B－24M－绿	0.1	1.53
测试人员	××	测试时间	××××-××-××

(五) 施工材料和设备

本次施工主要涉及的施工设备为光缆熔接机。

主要参数说明：

典型熔接时间：9 秒；

典型加热时间：35 秒；

显示器：5.6 英寸彩色液晶屏；

放大倍数：295 倍（单纤显示）、147 倍（X/Y 同时显示）；

可拆卸电池（选件）：

BTR-06SDC：13.2V，4.5Ah，0.75kg，每次充满电后可接续和加热最少 60 次；

BTR-06LDC：13.2V，9Ah，15kg，每次充满电后可接续和加热最少 120 次；

当热缩套管时,通过熔接机的加热中心定位装置很容易将热缩套管的熔接点置于中心。

本次施工需要增加 USB 端口。

六、技术服务和支持

①完工后保证所有的网络链路正常运行。
②提供相应的培训。
③在一年内，免费进行维护服务。
④一年后，工作日内免费电话咨询服务。

七、附录

（一）工程清单

略。

（二）设计单位介绍

略。

（三）资格证书

略。

8.5 网络综合布线设计实例一：某小区网络布线系统方案

一、概述

××小区位于XX市南区，居住区规划总用地60公顷，居住区用地6公顷，规划居住户数约4600户，规划居住人数1600人，分9个组团。其他配套设施包括中学、小学、幼儿园、社区会馆、农贸市场、综合商店等。××小区是目前该市最大的综合性小区。

二、需求分析

开发商要求设计人员针对小区的特点，以求在满足现有的应用和为将来发展留有空间的基础上，灵活配置，设计一套网络布线方案。设计人员在方案设计和产品选型上应关注布线产品的质量、模块化、灵活性和布线系统的可管理性、可维护性。综合布线子系统是中枢神经，必须采用高质量的线缆和连接硬件，才能组成标准、灵活、开放的信息传输通道，才能保证小区内语音、数据和图像传输的畅通。

三、建网目标

建立覆盖整个小区的网络布线方案，提供统一的接入互联网接口。

建立小区信息发布平台，通过该平台，物业公司可以发布物业管理信息，建立网络管理系统，提供网络管理软件。

四、参照标准及建网原则

（一）设计标准

① 《商业建筑通信布线系统标准》（TIA/EIA/-568-B）；
② 《国际建筑通用布线标准》（ISO/IEC11801）；
③ 《民用建筑电气设计规范》（JGJ16—2008）；
④ 《公用计算机互联网工程设计规范》（YDT5037—2005）；
⑤ 《综合布线系统工程设计规范》（GB50311—2016）；
⑥ 《综合布线系统工程验收规范》（GB/T50312—2016）。

（二）建网原则

建网原则：遵照先进性、安全性、可靠性、可管理性、可扩展性进行设计。

五、总体设计

（一）工程内容

工程内容为××小区的计算机网络系统设计。

（二）设计方案

根据××小区提供的设计施工图，该设计方案采用星型网络拓扑结构，布线方式采用超五类线和多模光缆相结合的综合布线，整个系统按五类标准设计，通信使用的交换机全部采用华为网管型智能交换机，可实现远程管理、智能控制、计费管理。整个系统构成主要包括建筑群系统、建筑物配线系统、中心机房设备间子系统、分区中心设备间子系统。

1. 可扩展性

该系统采用的是国内一流品牌华为的产品，每个网络产品都具有扩展模块，方便扩展。该设计可以满足2200～2300户同时上网的要求。每栋楼最多为23户，如果超过此数字可仅通过增加设备就可增加用户而不用添加通信链路，方便扩展。网络带宽可通过升级扩展模块容易地增加至千兆。

2. 可管理性

该设计在汇聚层采用的是华为的MA5200F接入服务器，不但可接入网络设备还可管理设备、管理用户，并提供计费业务的功能。

在第三层采用的是 S3526E 三层交换机，可以方便地对小区的网络进行分段管理、地址管理。

在中心机房提供统一的管理软件 Quid View，可以对所用的网络设备提供全面的实时管理。

3．先进性

该系统设计采用华为最新网络设备和网络技术可保证 20 年内有效。

4．安全性

在小区智能网络系统中，对网络安全的要求是比较高的。该系统中的 MA5200F 接入服务器支持"VLAN+WEB"、PPPOE、802.1X 等多种用户认证方式，同时支持 WLAN 用户的 SIM 认证方式和 Web 认证方式，并具有独特的用户端口的物理识别和"IP 地址+MAC 地址+VLANID"绑定技术，使 IP 设备从此具有了用户管理功能，解决了用户仿冒、盗用 IP 地址等网络安全问题。

在小区的网络入口处采用世界领先的 Cisco PIX525 防火墙，能为用户提供无与伦比的安全性和可靠性。

5．可靠性

该系统的网络设备可在线更换，提供空前的可靠性。

（三）网络拓扑图

该系统的网络拓扑图如图 8-1 所示。

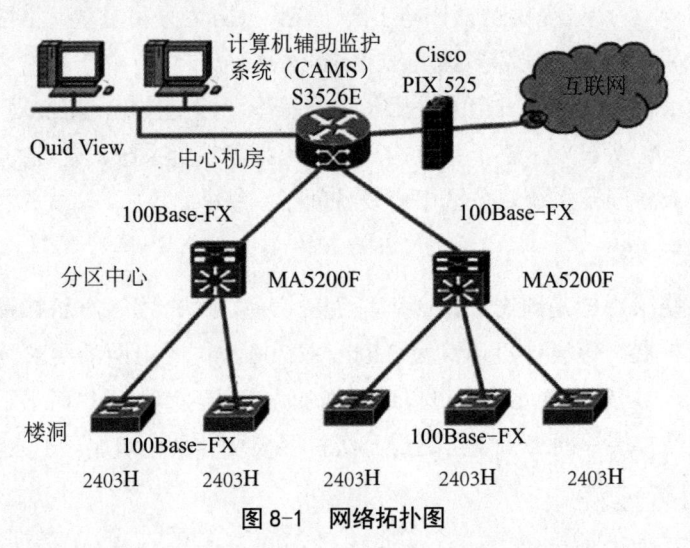

图 8-1 网络拓扑图

六、网络布线的详细设计

(一) 设计范围

该方案涉及网络布线的大部分子系统,覆盖范围包括整个小区。

(二) 建筑群系统设计

由于该小区面积比较大,室外应采用多模光缆将各个住宅楼的网络设备通过光缆连到各分区汇集在一起,然后再将各分区通过光缆连接到中心机房的核心层。在各分区的住宅楼采用带光纤模块的网管型智能交换机,通过光缆汇总到采用带计费管理功能的光纤智能交换机,在中心机房采用三层智能交换机将各分区的光缆集中在一起。

每个分区分配一根24芯多模光缆,分区内再将光缆接续12根两芯光缆引至每栋居民楼。整个建筑群子系统的材料表如表8-9所示,光缆长度只有勘探之后才能算出。

表8-9 建筑群所使用的材料表

序号	名称	型号	数量
1	光缆	24芯多模	待定
2	光缆	2芯多模	待定
3	尾纤	ST-ST	54对
4	多媒体宽带网络箱	1m×1m×0.2m	108个
5	交换机	S2403	108台
6	电源插座	5孔	108个

(三) 建筑物配线系统设计(垂直子系统)

在每栋居民住宅楼配备一个多媒体宽带网络箱,其余的楼洞配备一个壁挂式分线箱。在网络箱与分线箱之间通过室外主干电缆连接。各住户通过超五类线与分线箱或者网络箱连接。多媒体宽带网络箱中配备220V电源和S2403交换机一台,交换机通过其本身配置的光纤模块和中心机房连接。

所使用的材料如表8-10所示。线缆的长度要在现场勘探之后才能测算出来。

表8-10 建筑物配线系统材料表

序号	名称	型号	数量
1	分线箱	50mm×30mm×20mm	216个
2	配线架	50对	216个
3	大对数双绞线	50对	待定
4	双绞线	超五类	待定

（四）中心机房设备间子系统

中心机房必须位于该小区的中心位置，这样才能节省成本，便于管理。中心机房配备两组 19 英寸机柜，第一组放光缆接入设备，第二组放交换机、路由器、防火墙和网络管理设备。同时机房配备 5000VA 的 UPS 一台、温度控制设备和消防设备，设备材料表如表 8-11 所示。

表 8-11　中心机房设备间子系统设备材料表

序号	名称	型号	数量
1	光缆端接盒	24 口机架式	9 个
2	光纤耦合器	ST-ST	216 个
3	尾纤	ST-SC	54 对
4	尾纤	ST-SC	108 对
5	交换机	三层	9 台
6	光纤收发器	多模	108 个
7	UPS	5000VA	1 台
8	机柜	36U	2 组
9	空调	3 匹	1 台
10	路由器	华为某型号	1 个
11	防火墙	华为某型号	1 套
12	网络管理软件	华为某型号	1 套

（五）施工质量保证

施工前的设备采购要严格把关，杜绝使用有缺陷的产品。在布线时采用相应的手段，使布线整洁、美观，必要时增加一些必要的防护措施，如穿管等方法。施工过程中进行相应的测试保证传输链路可靠运行。施工结束后进行验收测试，确保施工质量。

八、服务及技术支持

①完工后保证所有的网络设备正常运行。
②提供相应的培训。
③在一年内，免费进行维护服务。
④一年后，工作日内免费电话咨询服务。
⑤有严重质量问题时在 2 小时内提供服务。

8.6 网络综合布线设计实例二：某大楼综合布线系统的应用案例

一、概述

某大楼是某市 20 世纪 80～90 年代的标志性建筑，主营业务为宾馆、餐饮和商务会议。随着时代的变迁，大楼内的设施已经不能满足时代的需要了，因此需要进行改造。该系统采用综合布线系统（即一个能够支持用户选择的语音、数据、图形图像应用的网络布线系统）为其智能化的实现提供了一个高速可靠的物理链接平台。

二、需求分析

大楼建设的总目标是以高性能综合布线系统支撑，建成一个包含多用途的电子商务宾馆智能系统，能适应日益发展的宾馆业要求的现代智能化楼宇，从而实现对大楼的电气、防火防盗、监控、计算机通信等全套实施按需控制，实现资源共享与外界信息交流。

设计范围包括整个大厦的宾馆、饭店和商务会议室及其他公用区间，要求采用先进、成熟、可靠、实用的结构化布线系统，将建筑物内的程控交换机系统、计算机网络系统统一布线，统一管理，使整个大厦成为能满足未来高速信息传输的、灵活的、易扩充的智能建筑系统。

根据该工程的具体情况，它满足系统纳入结构化布线系统的条件：

①超五类水平电缆在设备端口至终端端口的距离不超过 90 米；

②采用高速率、大带宽的传输介质，数据传输的带宽在水平区内可达 1000Mb/s；

③具有一定的抗电磁干扰特性和防电磁辐射泄漏性能。

通过信息端点规划定位和 PDS 布线支撑，系统获得了相当健全的"信息公路"网络体系。系统借助计算机网络服务的强有力工具，提高了调度、行政管理的效率与水平，也为该建筑物提供了良好的内部环境和畅通的对外联络设施。

三、建网目标及系统需求配置

（一）建网目标

根据标准设计的布线方案，能适应和支持现有的或将来的通信及计算机网络需求，能适合语音、数据、图像和其他连接的需要。智能化楼宇的结构化布线系统不仅为现代化的信息通信铺设了信息高速公路，也为楼宇的智能管理提供了集中的控制通路。

综合布线系统为用户创造了舒适、快捷的软环境，节约了发展商与经营者的人力和财力开支，极大地提高了对建筑物的综合管理水平，满足了各部门对通信和网络的需求。根据对综合布线系统的要求，该大楼布线系统的设计主要满足通信和计算机网络两部分需求。该系统将为用户提供集语音、数据、文字、图像于一体的多媒体信息网络，帮助用户实现多功能电话、语音信箱、网络代理连接互联网等应用。大楼通信系统外接互联网网络后，就可以方便地与世界各地进行联系，实现电子商务、电子邮件（E-Mail）及电子数据交换（EDI）等功能。

（二）系统需求配置

该项目主要为标准型宾馆，因此采用较高的配置标准。根据甲方要求并结合本公司多年来在该领域的设计、施工经验，工程所采用布线产品均为超5类结构化布线产品，使整个系统完全满足超5类传输性能标准，以适应10～15年技术发展和使用的要求，且具有开放性、灵活性和可扩展性。

四、参照标准及建网原则

（一）设计原则

综合布线同传统的布线相比较，有着许多优越性，是传统布线所无法比及的。综合布线的特点主要表现为它的兼容性、开放性、灵活性、可靠性、先进性和经济性，而且在设计、施工和维护方面也给人们带来了许多方便。

1. 兼容性

综合布线的首要特点是它的兼容性。所谓兼容性，就是它自身是完全独立的而与应用系统相对无关，可以适用于多种应用系统。综合布线将语音、数据与监控设备的信号线经过统一规划和设计，采用相同的传输介质、信息插座、交连设备、适配器等，把这些不同信号综合到一套标准的布线中。由此可见，这个布线比传统布线大为简化，节省大量的物资、时间和空间。

2. 开放性

该系统采用开放式体系结构，符合多种国际上现行的标准，它几乎对所有著名厂商的产品都是开放的，并支持所有通信协议。

3.灵活性

该系统采用标准的传输线缆和相关链接硬件，模块化设计，所有通道都是通用的，而且每条通道可支持终端、以太网工作站及令牌网工作站。所有设备的开通及更改均不需改变布线线路，组网也可灵活多变。

4.可靠性

该系统采用高品质的材料和组合压接的方式构成一套高标准的信息传输通道，所有线缆和相关链接件均通过ISO认证，每条通道都要采用专用仪器测试链路阻抗及衰减率，以保证其电气性能。应用系统全部采用点到点端接，任何一条链路故障均不影响其他链路的运行，从而保证了整个系统的可靠运行。

5.先进性

该系统采用光纤和双绞线混合布线方式，极为合理地构成一套完整的布线。所有布线均采用世界上最新通信标准，链路均按8芯双绞线配置。5类双绞线的数据最大传输率可达155Mb/s，对于特殊用户的需求可把光纤引到桌面。干线语音部分采用电缆，数据部分采用光缆，为同时传输多路实时多媒体信息提供足够的裕量。

6.经济性

虽然综合布线初期投资比较高，但由于综合布线将原来相互独立、互不兼容的若干种布线集中成为一套完整的布线体系，统一设计，统一施工，统一管理。这样可省去大量的重复劳动和设备占用，使布线周期大大缩短。另外，综合布线系统使用简单、方便，维护费用低，可以满足三维多媒体的传输和用户对ISDN、ATM的需求。由此可见，综合布线系统具有很高的性能价格比。

（二）设计依据

设计满足下列标准：

①《国际建筑通用布线标准》（ISO/IEC11801）

②《商业建筑通信布线系统标准》（ANSI/TIA/EIA-568-B）

③《商业建筑电信通道及空间标准》（ANSI/TIA/EIA-569）

（三）安装与设计规范

①《民用建筑电气设计规范》（JGJ16—2008）；

②《智能建筑设计标准》（GB/T50314—2015）；

③《公用计算机互联网工程设计规范》（YDT5037—2005）；

④《综合布线系统工程设计规范》（GB50311—2016）；

⑤《综合布线系统工程验收规范》（GB/T50312—2016）；

⑥《电气装置安装工程低压电器施工及验收规范》（GB50254—2014）。

五、总体设计方案

根据用户要求，综合布线系统主要包含网络和电话两部分组成，本设计方案采用四星级宾馆标准，主要网络拓扑结构为星型，布线方式采用超五类线和多模光缆相结合的综合布线，整个网络系统按五类标准设计，通信设备使用100M交换机，可实现远程管理、智能控制。整个系统构成了大楼的通信网络。

电话线采用三类线，布线和网络线同时敷设，主干采用大对数主干电缆将每层的电话线集中在程控机房连接至电话程控交换机。大楼主设备间设于大楼一层综合布线机房，从主设备间引线缆经桥架和竖井直接引至工作区。

本方案采用二级星型拓扑结构。

本方案分为四大子系统，分别为工作区子系统、水平子系统、管理间子系统以及设备间子系统，由于2～12层是标准的宾馆，先设计2～12层所用的设备。

由于楼面长度比较长，弱电井的位置在大楼的西侧，因此决定每隔3层设立一间管理间，将所有线缆集中在管理间，然后使用光缆将所有网络节点进行互联，电话线通过配线架和大对数主干电缆连接至一楼机房的总配线架上。

六、网络布线详细设计

（一）工作区子系统

工作区子系统是信息端口以外的空间，但通常习惯将电信插座列入工作区子系统。本系统采用双口信息点，一个为网络接口，一个为电话接口，同时厕所放置一个电话的单口面板。

表8-12 工作区材料配置表

序号	名称	型号	数量
1	面板	双口	255个
2	面板	单口	255个
3	模板	网络	255个
4	模板	电话	510个

(二) 水平子系统

水平子系统为配线间水平配线架至各个宾馆房间的信息面板的连接线缆。本项目数据点采用超五类四对 UTP、语音点采用四类两对 UTP。

每个楼层有 22 个房间，中心点距离弱电井的位置大约 50m，每个房间有一个网络信息点，两个电话接入点。

网线长度的计算：每个房间的平均长度 × 房间数 × 楼层数 / 每箱网络线的长度

$$50 \times 22 \times 11 / 300 = 41 \text{ 箱}$$

电话线长度的计算：每个房间的平均长度 × 房间数 × 楼层数 / 每箱电话线的长度（此项为约数，具体数量视现场情况而定）

$$60 \times 22 \times 11 / 300 = 49 \text{ 箱}$$

表 8-13 水平子系统材料表

序号	线缆名称	型号	数量
1	电话线	超五类四对	41 箱
2	网络线	四类两对	49 箱

(三) 管理间子系统

由于各个楼层的信息点数较多，故每三层楼都要设有管理间子系统，管理间子系统是由配线架、跳线以及相关的有源设备（服务器及交换机等）组成的。具体的材料表如下：

表 8-14 管理间子系统材料配置表

序号	设备名称	型号	数量
1	配线架	B IX 110	4 个
2	机柜	36U	4 组
3	交换机	24 口	12 台
4	光端盒	24 口	4 个
5	光纤跳线	ST-SC	4 对

(四) 设备间子系统

设备间子系统是由总配线架、跳线及相关有源设备（服务器及交换机等）组成的。设备间子系统是一个空间概念，总配线架收集来自各水平子系统的线缆，并与相关有源设备通过跳线或对接实现系统的联网。

本项目主设备间设在一层中心机房内，其布线设备主要为系统配线架和相关跳线等。按大楼结构化布线系统实施要求，我们将选用和配置相应产品。具体如下：

表8-15 设备间设备配置表

序号	设备名称	型号	数量
1	配线架	BIX 110	4个
2	机柜	36U	1组
3	交换机	24口	1台
4	光端盒	三层	1个
5	光纤跳线	ST-SC	4对

七、技术支持服务

（一）维护

在系统交付业主使用后，供应商应负责提供为期一年的免费维修保养，在此期间，供应商应提供非人为损坏的设备、材料及维修的人员、工具等；应对所有设备予以定期测试和检查并对设备进行必要的运行维护，更换不合格的设备和材料。如果供应商认为设备、材料损坏系人为原因而不属于设备质量问题，应提供足够的证据及书面材料，在免费维修保养期内，供应商应继续对业主的工作人员提供维修指导。

在值班室内应放置实验和检查记录本，供应商每次到现场都需将工作内容详列并经业主的工作人员确认，因维护需要而将系统部分隔离后停机，必须通知业主。

（二）售后服务

（1）咨询

供应商将为用户提供随时的技术咨询服务，及时解决用户在系统应用中所发现的问题。

（2）培训

在工程实施过程中，供应商免费对用户提供的1～2名人员进行系统培训。

（3）保修服务内容

供应商将为所承担的工程提供一年的免费保修服务（有效期从工程验收后，用户在完工报告上签字之日算起）并提供终生维护。

供应商可全面负责布线工程的方案设计、材料供应、组织施工、安装调测、验收开通。

供应商应提供维护系统的常用工具和现场培训，并提供全套验收文本、方案施工图、管理手册交业主留档管理。

供应商应负责为业主培训 1～2 名日常维护人员。

工程交付使用后，应由专职工程师定期为系统进行常规检测，确保系统正常运转。

供应商应协助完成交换机和网络工程的安装测试工作。

八、附录

（一）工程预算清单

略。

（二）设计单位介绍

略。

（三）项目设计人员介绍

略。

（四）资格证书

略。

模块 9　智能楼宇布线

9.1　任务的引入与分析

一、任务引入

随着城镇化建设不断铺开，城市高楼林立，而楼宇内的布线比起家居内布线要复杂得多。本模块以智能楼宇为应用背景，展开叙述楼宇布线相关内容，其布线范围涵盖综合布线的 6 个子系统，在智能家居布线的基础上增加了水平、垂直、设备间、进线间、管理间子系统布线。

二、任务分析

本部分内容力求培养学生在获得智能楼宇布线的施工任务后，能根据施工图纸，结合现场状况和用户的要求，进行设备和材料选型，并制订出施工计划；进行施工前人机物料法的准备；进行线槽和桥架安装、建筑物内线缆敷设与捆扎、设备安装线缆端接、弱电设备的布线与端接等建筑物内工作间、水平、垂直、进线间和设备间子系统的布线施工，填写并提交施工相关文件；进行线路性能测试，提交测试报告，并完成工程验收。

【任务目标】
①了解建筑物内部水平和垂直子系统常用的布线方法及优缺点；
②掌握线槽、桥架的型材加工方法；
③掌握垂直子系统的布线线缆和支撑硬件的种类及安装方法、敷设方法和绑扎方法；
④掌握机柜布置原则、柜内配线架和设备的安装方法、编号和标记的方法；
⑤掌握双绞线配线设备和 110 配线设备的组成、端接原理及端接方法；
⑥了解市场上主流的认证测试仪；
⑦掌握认证测试仪的使用方法、双绞线链路的测试方法、性能参数含义；

⑧掌握双绞线链路的常见故障表征及修复方法；

⑨认识门禁、对讲和视频监控系统的作用、原理和结构；

⑩了解综合布线工程流程及单栋建筑物综合布线工程的验收项目。

【技能目标】

①能根据应用需求合理选择水平和垂直子系统的布线方法；

②能熟练完成线槽、桥架的打孔、转弯等型材加工，安装线槽和桥架与穿线操作；

③能熟练完成支撑硬件的安装、钢绳的固定、线缆的敷设和捆扎、线缆标记等布线操作；

④能熟练安装机柜，并能在机柜上安装网络设备和配线设备；

⑤能熟练使用端接工具完成双绞线配线架和110配线架的端接和标识操作；

⑥能熟练使用认证测试仪，进行双绞线永久信道链路的测试，并能将测试信息输出至计算机，从而完成测试报告的保存和打印；

⑦能用认证测试仪测试双绞线链路的各性能参数；

⑧会分析测试结果，诊断链路故障的原因，并提出修复方案；

⑨会识读门禁对讲、视频监控系统的系统图、布线图和接线图；

⑩能根据图纸完成门禁对讲、视频监控系统的布线和接线；

⑪能完成建筑物内布线工程的图纸分析、领料、布线环境准备、管槽安装、线缆敷设、设备安装、线缆端接、测试、验收等一系列项目，并提交工程竣工相关文档。

9.2 认识水平和垂直子系统的布线方法

【任务目标】

知道综合布线系统中建筑物内部水平和垂直子系统常用的布线方法，了解各种布线施工方法的优缺点，从而能根据应用需求和实际需求合理选择布线方法。

【任务内容】

给各组指定一种布线方法，两组进行布线方法辩论，依次阐述观点、自由辩论和总结陈述，由剩余组作为观众评分，最后由教师进行点评。

具体要求如下：

①各组阐述观点时，要求说明布线方法的具体形式、特点和应用场合，表达清晰、论证有力；

②各组针对各布线方法的优劣势展开自由辩论，态度积极、用语文明。

一、水平子系统的布线施工

（一）水平子系统的布线方法

水平子系统是提供从工作区的信息插座到楼层交接间的配线设备的传输信号通路，一般采用4对双绞电缆，在需要时也可采用光缆。线缆要分别连接在信息插座和配线设备上，故整个路径包括工作区和交接间的房间内外的布线，其布线方法多样，可根据各自的特点，交叉组合使用进行布线施工。

下面的方法中，有些适用于从工作区到交接间的室外布线范围，有些适用于房内布线范围，不一定只用一种布线方式，可根据需要随意组合。

1. 吊顶内布线

吊顶内布线先走吊顶线槽、管道，再走墙体内暗管布线，此布线法适用于大型建筑物或布线系统较复杂的场所。尽量将线槽放在走廊的吊顶内，由于楼层内最后吊顶的总是走廊，因此综合布线施工不影响室内装修，且一般走廊处在建筑物的中间位置，布线平均距离最短，但要注意强弱电管槽的间距要求。到房间的支管应适当集中在检修孔附近，以便维修。管槽之间通过金属软管互通，但软管不宜太长。

吊顶内布线方式一般按如下步骤实施。

①根据建筑物的结构确定布线路由。

②沿着所设计的布线路由，打开天花板吊顶，用双手间隔地推开镶板。在楼层布线的信息点较多的情况下，多根水平线缆会较重，为了减轻线缆对天花板吊顶的压力，可使用J形钩、吊索及其他支撑物来支撑线缆。

③假设一楼层内共有12个房间，每个房间的信息插座安装两条UTP电缆，则共需要一次性布设24条UTP电缆。为了提高布线效率，可将24箱线缆分组堆放并使线缆接管嘴向上，每组有6个线缆箱，共有4组。

④为了方便区分电缆，在电缆的始端应贴上标签以注明来源地，同时在对应的线缆箱上也写上相同的标注。

⑤从离楼层交接间最远的一端开始不断向前投放拉绳直到交接间。

⑥将拉绳与离交接间最远的一组线缆捆扎固定后，将线缆拉至交接间。

⑦不断重复⑤和⑥的操作，直到所有组的线缆都布放完毕。

⑧电缆从信息插座布放到交接间并预留足够的长度后，从线缆箱端切断电缆，然后在电缆末端上贴上标签并标注与线缆箱相同的标注信息。

2. 格形楼板线槽和沟槽相结合

格形楼板线槽与沟槽沟通，相连成网，形似蜂窝状，适用于大开间或需隔断的场所。沟槽内电缆为主干布线路由，分束引入各预埋的分支线槽，再从分支线槽上的出口处安装信息插座。目前，工程中很少使用这种方式。

不同种类的线缆应分槽布放或同槽但用金属板隔开。线槽高度不宜超过25mm，宽度不宜过宽，一般不宜大于600mm，主线线槽宽一般宜在200mm左右，而支线线槽宽度不宜小于70mm。沟槽的盖板采用金属材料，可开启并抗压，但必须与地面齐平，其盖板面不得高起凸出地面。在盖板四周和信息插座出口处，应采取防水和防潮措施，以保证通信安全。

3. 天花板内布线

天花板内布线有3种主要的布线方法，即区域布线法、内部布线法和电缆管道布线法，可根据需要灵活选用。

区域布线法在天花板内设置集合点（转接点）的分区布线，通过集合点将线缆布至各信息插座。从交接间至集合点的线缆可根据信息插座的数量，将多根4对对绞电缆扎成束。集合点宜设在维修孔附近，以便于更改与维护。集合点距楼层、交接间的距离应大于15m，其端口数不得超过12个。此法适用于大开间工作环境。

内部布线法在天花板内直接从交接间将一根5类对绞电缆布至各信息插座，可消除来自同一电缆护套中混合信号的干扰。此法适用于楼层面积不大、信息点不多的一般办公室和家居布线。

电缆管道布线法先在天花板内敷设电缆管道，将通信线缆从交接间经主干和分支的电缆管道到达各信息插座。天花板上的线缆宜用金属管道或硬质阻燃PVC管保护，但使用管道时会影响其灵活性。此法适合于通信电缆附近有强电磁干扰源的情况。

4. 地板内布线

地板下布线属于房内布线，主要有3种方法，即地板下线槽、地板下管道、活动地板，可根据需要灵活选用。

地板下线槽布线是将交接间出来的线缆走地面线槽到地面出线盒或由分线盒引出支管到墙上的信息插座，强、弱电不仅可以走同路由相邻的线槽，而且可以接到同一出线盒的各自插座。

线槽埋设在地面垫层中，垫层厚度应大于6.5cm；线槽的数量宜为2～3根，宜单层设置，总宽度不宜超过300mm，截面高度不宜超过25mm，截面利用率应不超过40%。当线槽直线埋设长度超过6m或线槽在敷设路由上交叉分支或转弯时，宜设置拉线盒，每隔4～8m设置一分（出）线盒。由于地面出线盒和分线盒不依赖于墙或柱体而直接走地面垫层，因此这种方式多用于高档办公楼的大开间或需要打隔断的场所。

预埋金属槽道与墙壁暗嵌式配线接续设备（如通信引出端）的连接，应采用金属套管连接法。引出管材可采用金属管、塑料管或金属软管，一般采用金属软管敷设。

地板下管道布线适合于普通办公室和家居布线。管虽可暗埋或明敷，但水平子系统布线宜用暗埋方式。材料可用金属管或阻燃高强度PVC管，但综合布线系统宜用金属管。暗埋管布线法是将管直接埋入混凝土楼板或墙体中，并从交接间向各信息插座辐射。楼板中的暗管外径宜为15～25mm，一般多选用规格为15mm和20mm的管子，预埋在墙体中间的暗管外径不宜超过50mm；室外管道进入建筑物内时，预埋暗管不宜超过100mm。

同一根管道宜穿一条综合布线电缆，即使允许敷设直径较大的管道，同一管道中最多只允许布放5根线缆。管道两端应有标志，表示出房号、序号和长度。金属管内放置拉线或牵引线。当金属管埋设在土层内时，应按设计要求进行接地和耐腐蚀处理。

活动地板布线是用金属支架撑起活动地板，留出一定空间布线，降低了楼层净空高度，适于机房布线。活动地板内净空高度应不小于150mm，若作为通风风道，则活动地板内净空高度应不小于300mm。若用静电地板则在净空处应设置等电位接地体，地板需兼有抗压、阻燃、抗冲击的效果。其配套插座一般装于墙面，亦可在桌面或地面。

除以上方式外，还可直接使用网络地板布线。它由不超过150mm的地板支架和金属线槽构成网络形状，网络大小取决于地板块的实际尺寸。地板块和线槽盖可开启，表面材料防静电。

5. 墙面线槽布线

该布线系统由塑料管道，线槽、线缆交叉穿行的接线盒，电源和信息出线盒及其配件组成。若房内有吊顶，则应将线槽贴近吊顶安装，才更美观。

对于明敷的线槽，通常采用黏结剂粘贴或螺钉固定。当线槽水平敷设时，应整齐平直，直线段的固定间距应不大于3m，一般为1.5～2.0m；垂直敷设时，应排列整齐、横平竖直、紧贴墙体，间距一般宜小于2m；线缆接头处、变向处、离端口0.5m处一般也要固定。

墙面布线示意图墙壁线槽布线方法一般按如下步骤施工。

①确定布线路由；

②沿着布线路由方向安装线槽，线槽安装要讲究直线、美观；

③线槽每隔50cm要安装固定螺钉；

④布放线缆时，线槽内的线缆容量不超过线槽截面积的70%；

⑤布放线缆的同时，应盖上线槽的塑料槽盖。

6.护壁板管道布线

该方法沿房屋内护壁板敷设电缆管道，适用于墙上信息插座较多的小楼层区。前盖板可活动，插座可装于管道路线的任何位置。强弱电可走不同的金属管通道或用金属隔板隔开。

综上所述，水平子系统布线方法比较见表9-1。

表9-1 水平子系统布线方法比较

类别	布线方法	优点	缺点
建筑物中各种地板布线法	地板下导管法	①提供机械性保护 ②减少电气干扰 ③提高安全性 ④能保持外观完好 ⑤减少安全风险	①安装费用昂贵 ②在建筑物竣工前就要进行安装 ③有地缝处的服务设备用的通信要进行特殊处理 ④增加地板重量
	蜂窝状地板法	①提供机械性保护 ②减少电气干扰 ③提高安全性 ④能保持外观完好 ⑤减少安全风险 ⑥电缆容量和灵活性要比地板下导管法略高一些	①安装费用昂贵 ②在建筑物竣工前就要进行安装
	高架地板法	①灵活 ②容易安装 ③充裕的电缆容量 ④容易接触到敷设的电缆 ⑤容易采取防火措施	①安装费用昂贵 ②增加地板重量 ③电缆走向不易控制 ④如果设计不好会降低房间高度 ⑤走动时，会引起共鸣板效应 ⑥当地板下空间兼作压力通风系统时，要求采用实心电缆
	地板下管道法	①能保持外观完好 ②初始安装费用低	灵活性很差

续表

类别	布线方法	优点	缺点
建筑物中各种地板布线法	护壁板电缆管道布线法	①容易检修 ②较适合小楼层区	不适合大楼层区，因为通信设备在这里分布面很广
	地板上导管布线法	①安装既迅速又方便 ②适合通行量不大的区域，如各个办公室和靠墙的工作区	不适合通行量大的区域，如主要的过道
	模制电缆管道布线法	①能保持外观完好 ②使用模压件	灵活性较差
建筑物中各种天花板布线法	分区法	①灵活 ②经济 ③适用于大开间工作环境	在使用管道时，将限制灵活性，视管道大小而定
	内部布线法	①最灵活 ②经济 ③消除来自同一电缆护套中混合信号的干扰可能性	根据所需要的电缆数目，初始布线费用可能要比分区法贵一些
	电缆管道布线法	①提供机械保护和支持 ②适用于大型建筑物	①安装费用昂贵 ②可能限制灵活性 ③可能使天花板负重过大

（二）水平子系统布线的注意事项

线缆布设时首先要特别关注走线的可用空间，包括天花板（吊顶）内、地板下、走线槽内和走线管道内的空间。根据实际情况随时调整布线设计中考虑不周到的地方。通常线缆生产厂商将给出线缆的最小弯曲半径和最大拉力等指标。在布线的国际标准中，对走线管道的长度、内部弯曲半径等都有严格的规定。线缆布设时还必须时刻注意线缆的长度不能够超过规范要求，这个长度包括水平主干布线长度和所用跳线长度。一条线缆布设完毕后，应该立刻用测试仪进行测试，不要等全部线缆布设完工后再进行测试。

采用管道进行水平子系统线缆敷设时，要注意和其他线缆保持的间距应满足表9-2所规定的最小间距。

表 9-2 采用管道敷设与其他线缆保持的最小间距

（单位：cm）

其他干扰源	与综合布线接近状况	最小间距	其他干扰源	与综合布线接近状况	最小间距
380V 以下的电缆（<2kVA）	与缆线平行敷设	13	荧光灯、电子启动器或交感性设备	与缆线接近	15～30
	有一方在接地的线槽中	7			—
	双方都在接地的线槽中	>1	无线电发射设备(如天线、传输线、发射机等)	与缆线接近	—
380V 以下的电缆（2～5kVA）	与缆线平行敷设	30			—
	有一方在接地的线槽中	15			>150
	双方都在接地的线槽中	8	雷达设备		—
380V 以下的电缆（>kVA）	与缆线平行敷设	60	其他工业设备（开关电源、电缆感应炉、绝缘测试仪等）		—
	有一方在接地的线槽中	30	配电箱	与配线设备接近	>100
	双方都在接地的线槽中	15	电梯、交电室	尽量远离	>200

若不能满足最小间距要求，如电力线和弱电线在同一金属线槽中敷设，则要选用有隔板的金属线槽或采用屏蔽线缆。

当电话用户存在振铃电流时，不能和计算机网络在同一根双绞线中传输。

二、垂直子系统的布线施工

垂直子系统提供从设备间到建筑物（大厦）每层交接间之间的传输信号通路。垂直子系统是建筑物的主馈线缆。通常传输数据信号使用光缆（有时也采用 4 对双绞线作为备份），而传输电话信号使用大对数的双绞线。线缆均要端接在设备间和交接间的配线设备（楼层配线架）上。

在新的建筑物中，通常在垂直方向有一层层对准的封闭型小房间，在这些房间中有 50cm×50cm 左右的方形竖井，或 15cm×10cm 的细长开口槽，或一系列具有 10～15cm 直径的套筒圆孔，从顶层到地下室，在每一层的同一位置上都有这些竖井、孔、槽。

在许多老建筑物中，可能找到开有槽孔（或开口）的房间。这些槽孔中通常装有管道以供敷设电梯、空调等所用的线缆，以构成综合管道路由。虽然可以采用这种垂直槽孔来敷设综合布线的垂直线缆，但并不推荐这样做，因为这种垂直槽孔会给维护综合布线带来不便和不安全性，况且层与层间若没有防火措施会很危险。

(一)垂直子系统的布线方法

智能楼宇中的建筑物主干布线都是从建筑底层直到顶层敷设的通信线路,可分为垂直干线通道部分和水平干线通道部分。

1. 垂直干线通道部分布线

垂直干线通道部分布线一般可采用电缆孔垂直布线和电缆竖井垂直布线两种方法。

(1) 电缆孔垂直布线

电缆孔是很短的管道,在楼层交接间浇注混凝土时预留,嵌入直径为100mm(4in),楼板两侧分别高出地板表面25~100mm(1~4in)的金属管。线缆可分类捆在梯架、线槽、钢绳或其他支撑架上,而各种支撑架再固定到墙上已铆好的金属条上。当交接间上下都对齐时,一般采用电缆孔方法,电缆孔布线法也适合旧建筑物的改造。

(2) 电缆竖井垂直布线

电缆竖井指在楼板上开出一些方孔,线缆束可以穿过这些电缆井到达各楼层。电缆竖井的大小依所用线缆的数目而定。固定方式与电缆孔方法基本一样,或用电缆卡箍固定电缆。电缆竖井穿设电缆非常灵活,可让粗细不同的各种线缆以任何组合方式通过。电缆竖井虽比电缆孔灵活,但开电缆竖井既费钱又易破坏楼板的结构完整性,且不易防火,故适用于新建建筑物,不适用于原有建筑物。

2. 水平干线通道部分布线

水平布线可以采用桥架、线槽、管道或托架的敷设方式,水平干线通道部分一般采用电缆桥架方式,电缆桥架可在楼板或梁下用吊杆吊装,也可在墙壁或平面上用支架支撑。

当桥架采用吊装或支架安装方式时,要求吊装或支架件与桥架保持垂直,形成直角,且各个吊装件应保持在同一直线上安装,安装间隔均匀整齐牢固可靠,无倾斜和晃动现象。

(二)线缆的布放方式

在竖井中敷设干线电缆有两种方式:向下垂放和向上牵引。通常向下垂放比向上牵引容易,但若将线缆卷轴抬到高层上去很困难,则只能由下向上牵引。

1. 向下垂放

①围绕孔洞附近,清理出宽裕的工作空间。

②在离开口（孔洞）3～4m 处安放线缆卷轴，一般从卷轴顶部馈线。

③在卷轴处安排所需的布线施工人员（数目视卷轴尺寸及线缆重量而定），每层至少要有一个工人。

④开始旋转卷轴，将线缆从卷轴上拉出。

⑤由布线人员将拉出的线缆引导进竖井、孔洞或通槽中。对于各楼层预留有小孔洞的，在洞孔中安放一个塑料的靴状保护物，以防止孔洞不光滑的边缘擦破线缆的外皮；若在竖井或大通槽中向下垂放电缆时，就无法使用塑料保护套，可在竖井（或通槽）中心处安装一个滑轮，将线缆从卷轴拉出并绕在滑轮车上，牵引线缆穿过每层的大孔。

⑥慢速地从卷轴上放缆并进入孔洞或者将缆放在滑轮上，慢慢向下垂入。即使线缆比较重，握住它也不困难，但是切勿快速地放缆，因为线缆本身在楼层上的重量就如同一个支柱一样。

⑦继续放线，直到下一层人员能将线缆引到下一孔洞。

⑧按前面的步骤，继续慢速地放缆，并引导进入各层的孔洞。

⑨当线缆穿过每层孔洞到达目的地后，可将每层的线缆绕成圈放在架子上固定起来，等待端接。

另外，在布线时，如果线缆要越过的地方其弯曲半径小于允许的值（若是双绞线，应为线缆外径的 8～10 倍；若为光缆，则应为 20～30 倍），可将线缆放在滑轮上，以解决线缆的弯曲问题。

2．向上牵引

向上牵引线缆的关键设备是电动牵引绞车。不管采用什么绞车，基本过程如下。

①将绞车放到顶层，按照绞车制造厂家的指导，在绞车中穿放一条拉绳。

②启动绞车上的发动机，并往下垂放拉绳直到最底层。拉绳向下垂放。注意，拉绳的强度要能保证牵引线缆；在拉绳上要系一个重物有助于其向下垂放；每层设布线人员将拉绳引导到本层的槽、孔中去。

③如果线缆上有一个拉眼，则将绳子连接到此拉眼上。

④启动绞车，慢速将线缆通过各层的孔向上牵引。

⑤当线缆的末端到达顶层时，停止绞车运行。

⑥利用扣锁在地板孔边沿上的夹具将线缆固定，在线缆周围滑动缆夹并将螺杆上的固定皮带连接到缆夹上去。

⑦当所有的连接制作好之后，从绞车上释放线缆的末端。

⑧使用分离的缆夹或缆带固定线缆。

有时，综合布线设计要求在中间的楼层进行接续。这时，应在敷设垂直线缆时留够供接续的线缆，即要留出松弛的线缆。

在竖井中敷设线缆（特别是光缆）时，当到达实际端接点时，为了减少光缆上的负荷，应在一定的间隔上用缆夹或缆带将光缆扣牢在墙壁上，一般从缆的底部开始每隔3层（或竖井中每隔9m），用分离的缆夹对光缆进行支持。用与缆夹一起提供的栓扣部件（缆扣）作为光缆的中间支持，并将分离的缆夹锁住，然后将光缆放低一些，以使夹子夹紧并保持住光缆。

9.3 线槽和桥架的加工与敷设

【任务目标】

能对线槽和桥架进行打孔、切割等型材加工操作，能完成线槽和桥架的安装与布线操作，并保证符合布线要求。

【任务内容】

各组根据以实训墙为背景的施工图分析讨论后，准备施工材料和工具，完成不同路径和不同高度上从信息插座至机柜的水平子系统线槽和桥架的型材加工、安装和线缆敷设操作。

具体要求如下：

①根据任务给出计划和材料工具清单；
②各加工工具使用正确、规范；
③线槽的直角弯曲、切制、连接等型材加工符合标准要求；
④线槽和桥架安装牢固、美观、路径正确、操作规范；
⑤线槽内和桥架内布线方法正确、规范，线缆数量符合标准要求。

线槽分为PVC线槽和金属线槽两种，桥架一般为金属材质。金属线槽和桥架的安装与敷设流程要比PVC线槽更复杂，桥架和金属线槽布线的工艺流程类似。

一、线槽的安装与布线

(一) 线槽的安装

1.线槽安装操作

PVC线槽一般用双面胶或螺钉固定在墙上，然后在开盖的线槽内穿放线缆。下面以实训墙为背景，介绍线槽的一般操作。

（1）裁剪线槽

用卷尺在线槽上测量所需长度，并用记号笔在线槽上做好记录，可使用剪刀根据标记裁剪 PVC 线槽，或用切制机对金属线进行裁剪。

（2）制作弯头

对于 PVC 线槽的弯头可以手工制作，即在线槽底部需要转弯的地方用角尺分别在左右画出两条 45°角线，绘制一个直角等腰三角形，然后用线槽剪沿着画线位置剪开，再将线槽弯曲搭接并用铆钉固定，然后用直角板覆盖。对于金属线槽，则可用成型的弯通来解决连接的问题，而不采用现场制作的方法。

（3）制作三通

制作 PVC 线槽的三通前，首先应使用记号笔在线槽开口位置进行标记，然后使用剪刀剪开开口位置，线槽裁剪完成后，将分路线槽插入开口位置，连接完成后使用三通盖板进行覆盖。对于十字分支，其制作方法与之相类似。

（4）固定线槽

PVC 线槽无须类似管卡的装置进行固定，只需要直接使用螺丝钉进行固定即可。金属线槽安装上墙需要膨胀螺栓配合。

（5）连接线槽

将线槽根据设计的要求进行敷设、固定。连接管、桥架、底盒等其他系统，并为线槽添加盖板，这样一个简单的线槽系统就基本完成了。

2. 金属线槽安装注意事项

在进行金属线槽系统的安装时，需要注意以下几点。

线槽应平整无变形，内壁光滑，各种附件齐全。线槽盖装上后应平直，无翘曲，出线口的位置应准确，线槽安装左右偏差每米应不超过 50mm，相接处的线槽的水平度偏差每米应不超过 2mm，垂直度偏差不应超过 3mm。

线槽交叉、转弯、丁字连接时，应采用单通、二通、三通、四通或平面二通、平面三通等进行变通连接，导线连接处应设置接线盒或将导线接头放在电气器具内。

线槽采用吊装或支架安装方式时，要求吊装或支架件与线槽保持垂直，形成直角，各个吊装件应保持在同一直线上安装，安装间隔均匀整齐，牢固可靠，无倾斜和晃动现象。

线槽与盒、箱、柜连接时，进线口和出线口等处应采用抱脚或翻边连接，并用螺丝钉紧固，末端应加装封堵。

线槽的所有非带电部分的铁件均应相互连接和跨接，使之成为一个连续导体，并做好整体接地线槽不做设备的接地导体，当设计无要求时，线槽整体不少于两处与接地干线连接。

线槽过墙或楼板孔洞时，应加装木框保护，四周应留 50～100mm 缝隙；接防火分区时，需用防火材料封堵，在吊顶内敷设时，线槽顶部距吊顶上的楼板或其他障碍物应不小于 30cm，离地面的架设高度宜在 2.2m 以上。若为封闭型线槽，其槽盖开启需有一定垂直净空，要求应有 80mm 的操作空间，以便槽盖开启和盖合。如果吊顶无法上人时应留有检修孔。

线槽经过建筑物的变形缝（伸缩缝、沉降缝）时，应断开，并用内连接板搭接，不需要固定。保护地线和槽内导线均应有补偿余量。

敷设在竖井吊顶、通道夹层及设备层等处的线槽，应符合《高层民用建筑设计防火规范》的有关防火要求。

建筑物的表面如有坡度时，线槽应随其变化坡度。线槽全部敷设完毕后，应调整检查，确认合格后，再进行配线。

（二）线槽内布线

1. 线槽内布线操作

（1）清扫线槽

清扫明敷线槽时，可用抹布擦净线槽内残存的杂物和积水，使线槽内外保持清洁。清扫暗敷于地面内的线槽时，可先将拉线穿通至出线口，然后将布条绑在拉线一端，从另一端将布条拉出，反复多次就可将线槽内的杂物和积水清理干净；另外，也可用空气压缩机将线槽内的杂物和积水吹出。

（2）放线

放线前应先检查线槽连接处的接口是否齐全，导线、电缆、保护地线的选择是否符合设计图的要求，线槽进入盒、箱时内外螺母是否锁紧，确认无误后再进行放线。

放线方法是先将线缆拉直、捋顺，削去端部绝缘层并做好标记，盘成大圈或放在放线架（车）上，再把芯线绑扎在拉线上，然后从另一端抽出即可，从始端到终端（先干线后支线）边放边整理，不应出现挤压背扣、纽结、损伤导线等现象。按分支回路排列绑扎成束，绑扎时应采用尼龙绑扎带，不允许使用金属导线进行绑扎。

在工程中进行放线操作时，为了提高放线的速度，必然会用到牵引线圈或牵引机。牵引线圈或牵引机分为电动牵引和手摇式牵引两种，使用牵引线圈可大大提高放线的效率。

2.线槽内布线注意事项

线槽施工完成后，就可以进行配线操作了。配线前，需要注意以下内容。

①在同一线槽内（包括绝缘层在内）的线缆截面积总和应该不超过内部截面积的40%。

②对于电压回路，频率不同的线缆应加隔板放在同一线槽内，即同槽不同室。

③水平线槽中线缆可以不绑扎；槽内线缆应顺直；在线缆进出线槽部位、转弯处，应绑扎固定，不应溢出线槽。在垂直线槽中，应将分支线缆分别用尼龙绑扎带绑扎成束，并固定在线槽地板上，以防线缆下坠。4对双绞电缆以24根为束，25对或以上主干对绞电缆、光缆及其他信号电缆应根据线缆的类型、缆径、线缆芯数分束绑扎，且间距应均匀，一般不宜大于1.5m，且松紧要适度。

④当线缆较多时，既可用线缆外皮颜色区分顺序，也可通过在线缆端头和转弯处做标记的方法来区分。

⑤在穿越建筑物的变形缝时，线缆应留有补偿余量。

⑥接线盒内的线缆预留长度不应超过150mm，盘、箱内的线缆预留长度应为其周长的1/2。

⑦从室外引入室内的线缆，穿过墙外的一段应采用橡胶绝缘线缆，不允许采用塑料绝缘线缆，并应具有防水措施。

二、桥架的加工与敷设

（一）桥架的安装

桥架常用于线缆的承载，在综合布线系统的施工安装中，则需要安装桥架。桥架安装有多种形式：水平桥架主要用于水平配线系统，分为吊装和壁装等形式；垂直桥架主要用于电缆竖井内的垂直干线系统。

桥架的安装方法主要分以下几种：①沿吊顶及管道支架安装；②沿地面安装；③沿墙面水平托装或垂直固定；④沿竖井安装。安装所用支（吊）架可选用成品或自制。支（吊）架的固定方式主要有预埋铁件上焊接、膨胀螺栓固定等。

桥架内布放的线缆种类繁多，为避免线缆间相互干扰，应注意各桥架间的排列和相互的间距。电缆桥架层次的排列一般是弱电控制电缆在最上层，接着一般控制电缆、低压动力电缆、高压动力电缆依次往下排列。这样排列有利于屏蔽干扰，通风、散热等，具体见表9-3所示。各层电缆的层间距离如下：控制电缆不小于200mm，动力电缆不小于300mm，机械化敷设电缆不小于400mm。

表 9-3　桥架内各类电缆的排放层次

层次	电缆用途
上	计算机电缆
	屏蔽电缆
下	一般控制电缆
	低压动力电缆
	高压动力电缆 1.5～3 kV
	特高压动力电缆 35 kV

1. 桥架水平安装

（1）桥架吊装

桥架吊装时，桥架与墙壁穿孔采用金属软管或 PVC 管连接。

（2）桥架托臂安装

桥架也可用托臂托架来支撑，显示了托臂用螺栓固定的两种方式，以及在工字钢、槽钢和角钢上的安装方法。

（3）桥架穿墙安装

为避免火灾隐患，桥架在穿过防火墙或者防火板时，要使用防火封堵，以构成不同的防火层。

（4）桥架与配线柜的连接

水平或者垂直子系统的线缆沿着桥架到达了电信间或者设备间，就需要进入配线柜。

2. 桥架垂直安装

桥架垂直安装主要用于电缆垂直敷设时支撑垂直干线电缆，是在电缆竖井中沿墙采用壁装的方式，可以采用三角钢支架或门形支架固定。

（二）桥架的施工

1. 切制桥架

用卷尺和铅笔测量所需要的桥架的长度，并在桥架上做好标记。确定所需桥架尺寸后，可使用切割机进行切割操作。

在使用切制机进行切割时，必须有相应的保护装置，如眼罩、手套、专用工作服等，由于切割时会有金属屑飞溅出来，因此存在一定的危险性。此外，切割机还能完成磨光桥架毛边的操作。

2. 钻孔

当切割后的桥架在两端没有连接孔或当桥架和分支管连接时，需要在桥架上重新制作相应大小的连接孔，一般用枪钻来完成此类任务，可通过更换钻头在桥架上开启大小不一的连接孔。

3. 连接桥架

在桥架的配件中有一种重要的配件就是桥架的连接片，它可实现相同规格的桥架之间的连接，从而使桥架的铺设距离得以延伸。使用螺丝和螺帽通过连接片将两个桥架进行连接，并使用扳手来固定螺帽，螺帽安装在外。

在桥架的连接过程中，有时候也会需要使用铆钉来进行相对固定的连接，这时可用锦钉枪来进行操作。

对于转弯、丁字连接处，经常会用到直角弯头、三通等各类弯通来实现桥架连接，此类配件一般是通过焊接的方式由桥架和铁片组合而成的。

4. 支（吊）架安装

由于桥架中需要安放大量的电缆，因此必须为桥架配置支架或吊架，可通过膨胀螺钉嵌入天花板或侧墙体中来实现。

（三）桥架安装注意事项

桥架的安装与金属线槽类似，其安装注意事项可参见"金属线槽安装注意事项"的相关内容。

9.4 垂直子系统的线缆敷设

【任务目标】

能完成垂直子系统的布线施工，熟练完成支撑硬件的安装，钢绳的固定，线缆的敷设、捆扎和标记等操作。

【任务内容】

各组根据施工图分析讨论后、准备施工材料、工具，完成从电信间机柜到设备间机柜的垂直子系统布线，要求安装支撑硬件、固定钢绳、敷设并捆扎垂直子系统的线缆，并完成线缆的标记操作。

具体要求如下：

①根据任务给出计划和材料工具清单；
②支架和钢绳安装牢固、美观、路径正确、操作规范；
③垂直子系统的线缆敷设和绑扎方法正确，路径正确，操作规范；
④垂直子系统的线缆容量符合标准要求；

⑤线缆标记清晰、到位。

一、垂直子系统的布线通道

建筑物内有两大类型的通道：封闭型和开放型。开放型通道是从建筑物的地下室到楼顶的一个开放空间，中间没有任何楼板隔开，如通风通道、电梯通道。封闭型通道是一连串上下对齐的空间，每层楼都有一间，电缆竖井、电缆孔、管道电缆、电缆桥架等穿过这些房间的地板层。干线线缆的敷设一般选择带门的封闭型通道。

二、垂直子系统的布线线缆和支撑硬件

（一）垂直子系统的线缆

一般根据建筑物的结构特点以及应用系统的类型来选用垂直干线线缆的类型。垂直干线子系统常用以下 5 种线缆：

① 4 对双绞线电缆（UTP 或 STP）；

② 100Ω 大对数对绞电缆（UTP 或 STP）；

③ 62.5/125μm 多模光缆；

④ 8.3/125μm 单模光缆；

⑤ 75Ω 同轴电缆。

目前，针对电话语音传输，一般采用 3 类大对数对绞电缆（25 对、50 对、100 对等规格）；针对数据和图像传输，采用光缆、5 类以上 4 对双绞线电缆或 5 类大对数对绞电缆；针对有线电视信号的传输，采用 75Ω 同轴电缆。在选择主干线缆时，还要考虑主干线缆的长度限制，如 5 类以上 4 对双绞线电缆在应用于 100Mb/s 的高速网络系统时，电缆长度不宜超过 90m，否则宜选用单模或多模光缆。

由于大对数线缆对数多，很容易造成相互间的干扰，因此很难制造超 5 类以上的大对数对绞电缆，为此 6 类网络布线系统通常使用 6 类 4 对双绞线电缆或光缆作为主干线缆。

（二）支撑硬件

对于垂直子系统，其常用的支撑硬件是托臂、支架、托架、电缆箍、钢缆等。在电缆竖井或电缆孔内，一般在墙上安装梯形或三脚支架。在支架上固定钢缆，牵引线缆穿过各层后捆扎在钢缆上进行固定和支撑。

如墙面安装支架，则可在水平方向每隔 500～600m 安装一个支架，在

垂直方向每隔 1000mm 安装一个支架。支架安装好以后，根据需要的长度用钢锯裁好合适长度的钢缆，必须预留两端绑扎长度。用 U 形卡将钢缆固定在支架上。用扎带将线缆绑扎在钢缆上，捆绑间距为 500mm 左右，在垂直方向均匀分布线缆的重量。

三、垂直子系统的线缆容量的计算

在确定垂直干线线缆类型后，便可以进一步确定每层楼的垂直干线容量。一般而言，在确定每层楼的干线类型和数量时，都要根据楼层水平子系统所有的各个语音、数据、图像等信息插座的数量来进行计算。具体计算的原则如下。

①语音干线可按一个电话信息插座至少配一个线对的原则进行计算，并在总需求线对的基础上至少预留约 10% 的备用线对。

②计算机网络干线线对容量计算原则如下：电缆干线按 24 个信息插座配两对对绞线，每一个交换机或交换机群配 4 对对绞线；光缆干线按每 48 个信息插座配 2 芯光纤。每一群网络设备或每 4 个网络设备宜考虑一个备份端口。当主干端口为电端口时，应按 4 对线容量配置；当主干端口为光端口时，则按 2 芯光纤容量配置。

③如有光纤到用户桌面的情况，则光缆直接从设备间引至用户桌面，干线光缆芯数应包含这种情况下的光缆芯数。

四、垂直子系统的线缆敷设和绑扎方法

垂直子系统的线缆的布线路由既有垂直型的，也有水平型的，其选择主要依据建筑的结构以及建筑物内预留的通道而定。垂直型的干线布线主要采用电缆孔垂直布线和电缆竖井垂直布线两种方法。对于单层平面建筑物，水平型的干线布线路由主要采用金属管道和电缆托架两种方法。

垂直子系统敷设线缆时，将对绞电缆、光缆及其他信号电缆根据缆线的类别、数量、缆径、缆线芯数分束绑扎，且按照楼层进行分组绑扎，并做好标记，以便日后线缆识别和维护。

绑扎时，间距应均匀，不宜大于 1.5m；而力度应不紧不松，太松时，线缆会因重量产生拉力造成线缆变形，绑扎过紧时，线缆受到挤压，会破坏线缆的绞绕节距。在许多束或捆线缆的场合，位于外围的线缆受到的压力比线束里面的大，压力过大会使线缆内的扭绞线对变形，从而影响传输性能，主要表现为回波损耗成为主要的故障模式。回波损耗的影响能够累积下来，这样每一个过紧的系缆带造成的影响都累加到总回波损耗上。可以想象最坏的

情况，在长长的悬线链上固定着一根线缆，每隔300mm就有一个系缆带。这样固定的线缆如果有40m，那么线缆就有134处被挤压着。

五、垂直子系统干线线缆的接合

为了便于综合布线的路由管理，干线电缆和干线光缆布线的交接不应多于两次。从楼层配线架到建筑群配线架之间只应通过一个配线架，即建筑物配线架（在设备间内）。干线电缆可采用点对点连接、分支递减连接或电缆直接连接。

点对点连接是最简单最直接的接合方法。干线子系统每根干线电缆从设备间直接延伸到指定的楼层配线电信间或二级交接间。

分支递减连接是用一根足以支持若干个楼层配线电信间或若干个二级交接间的通信容量的大容量干线电缆，经过电缆接头交接箱分出若干根小电缆，再分别延伸到每个楼层配线电信间或每个二级交接间，最后端接到目的地的连接硬件上。

电缆直接连接是特殊情况下使用的技术。一种情况是一个楼层的所有水平端接都集中在干线交接间；另一种情况是二级交接间太小，无法容纳所有端接电气设备，虽在二级交接间端接，仍希望在干线交接间中完成另一套完整的端接，并需要在干线交接间完成所有端接。

六、垂直子系统布线的注意事项

垂直干线电缆在进行布放时，应注意以下要求。

①在线缆布放过程中，线缆不应产生扭绞或打圈等有可能影响线缆本身质量的现象，不应有可能受到外界的挤压或遭受损伤而产生障碍隐患。

②为了减少线缆受的拉力和避免在牵引过程中产生扭绞现象，在布放线缆前，应制作操作方便、结构简单的合格牵引端头和连接装置，把它装在线缆的牵引端。

③为了保证线缆本身不受损伤，在线缆敷设时，布放线缆的牵引力不宜过大，应小于线缆允许张力的80%。在牵引过程中，为防止线缆被托、蹭、刮、磨等损坏，应均匀设置吊挂或支撑线缆的支架，吊挂或支撑的支持物间距不应大于1.5m，或根据实际情况来定，由于建筑物主干布线子系统的主干线缆一般长度为几十米，因此应以人工牵引方法为主。当高层建筑其楼层较多，且线缆对数较大时，需采用机械牵引方式，这时应根据牵引线缆的长度、施工现场的环境条件和线缆允许的牵引张力等因素，选用集中牵引或分散牵引等方式，也可采用两者相结合的牵引方式，即除在一端集中机械牵引外，

在中间楼层设置专人帮助牵引并人工拉放，使线缆受力分散，既不损伤线缆，又可加快施工进度。但采用这种方式时，必须统一指挥、加强联络、同步牵拉，且注意不要猛拉紧拽。

④智能化建筑内的通信系统、计算机系统、楼宇设备自控系统、电视监控系统、广播与卫星电视系统和火灾报警系统等信号、控制及电源线缆，如在同一路由上敷设时，应采用金属电缆槽道或桥架，按系统分离布放，金属电缆槽道或桥架应有可靠的接地装置，各个系统线缆间的最小间距及接地装置都应符合设计要求。在施工时，应统一安排，并互相配合敷设。

9.5 机柜及柜内设备的安装

【任务目标】

了解机柜内设备的布置原则，掌握编制编号标识的方法，能熟练安装电信间或设备间常用的壁挂式或立式机柜，能在机柜上安装和标识网络设备和配线设备。

【任务内容】

各组根据组装图纸所示，分析讨论后，准备材料和工具，完成机柜的定位、地脚调整、门板拆装等操作，完成双绞线配线架，110配线架、交换机和理线架的安装与标记。

具体要求如下：

①根据任务给出计划和材料工具清单；

②机柜各部件安装牢固、方法正确、操作规范；

③双绞线配线架和110配线架安装牢固、方法正确、操作规范；

④交换机的安装牢固、方法正确、操作规范；

⑤理线架和理线环安装牢固、方法正确、操作规范；

⑥机柜内各类设备标记清晰、到位，符合标准要求。

一、机柜的安装

（一）机柜组件

一般将19英寸宽的机柜称为标准机柜。19英寸是面板设备安装宽度，而机柜的物理宽度通常为600mm和800mm两种。高度一般为0.7～2.4m，常见的成品19英寸机柜高度为1.0m、1.2m、1.6m、1.8m、2.0m和2.2m。机柜的深度一般为400～800mm，根据柜内设备的尺寸而定，常见的19英寸机柜深度为 500mm、600mm 和 800mm。通常厂商也可以根据用户的需求定制特殊宽度、深度和高度的产品。

在 19 英寸标准机柜内，设备安装所占高度用一个特殊单位"U"表示，1U=44.45mm。使用 19 英寸标准机柜的设备面板一般都是按 n 个 U 的规格制造的。n 个 U 的机柜表示能容纳 n 个 U 的配线设备和网络设备，24 口配线架高度为 1U，普通型 24 口交换机的高度一般也为 1U。19 英寸标准机柜部分产品一览表见表 9-4。

表 9-4　19 英寸标准机柜部分产品一览表

容量	高度（m）	宽度 × 深度（mm×mm）	风扇数	配件配置
47U	2.2	600×600	2	
		600×800	4	
		800×800	4	
42U	2.0	600×600	2	电源排查 1 套
		600×800	4	固定板 3 块
		800×600	2	重载脚轮 4 只
		800×800	4	支撑地脚 4 只
37U	1.8	600×600	2	方螺母钉 40 套
		600×800	4	
		800×600	2	
		800×800	4	
32U	1.6	600×600	2	
		600×800	4	电源排查 1 套
27U	1.4	600×600	2	固定板 3 块
		600×800	4	重载脚轮 4 只
22U	1.2	600×600	2	支撑地脚 4 只
		600×800	4	方螺母钉 40 套
18U	1.0	600×600	2	

在选择机柜时，如果标准配置不能满足设备安装要求，还需选择必要的配件。常见的机柜配件如表 9-5 所示。

表 9-5　常见的机柜配件

序号	名称	作用
1	固定托盘	用于安装显示器等重型设备，尺寸繁多用途广泛，有 19 英寸标准托盘、非标准固定托盘等。常规配置的固定托盘深度有 440mm、480mm、580mm、620mm 等规格。固定托盘的承重不小于 50kg
2	DW 型背板	可用于安装 110 型配线架或光纤盒，有 2U 和 4U 两种规格
3	滑动托盘	用于安装键盘及其他各种设备，可以方便地拉出和推回。常规配置的滑动托盘深度有 400mm、480mm 两种规格。滑动托盘的承重不小于 20kg
4	键盘托盘	用于安装标准计算机键盘，可配合市面上所有规格的计算机键盘、可翻折 90°。键盘托架必须配合滑动托盘使用
5	L 支架	可以配合 19 英寸标准机柜使用，用于安装机柜中的 19 英寸标准设备，特别是重量较大的 19 英寸标准设备，如机架式服务器等
6	盲板	用于遮挡 19 英寸标准机柜内的空余位置等用途，有 1U、2U 等多种规格。常规盲板为 1U、2U 两种
7	扩展衡量	用于扩展机柜内的安装空间之用。安装和拆卸非常方便。同时也可以配合理线架配电单元的安装，形式灵活多样
8	调速风单元机	安装于机柜的顶部，可根据环境温度和设备温度调节风机的转速，有效地降低机房的噪声。调整方式有手动或无级调整
9	重载脚轮与可调支脚	重载脚轮单个承重 125kg，转动灵活，安装固定于机柜底座可让操作者平稳、万向移动机柜。可调支脚的单个承重 125kg，支脚尺寸可以调节，用于固定机柜和调整机柜由于地表不平造成的不稳定和倾斜
10	安装螺母	又称方螺母，适用于任意 19 英寸标准机柜，用于机柜内的所有设备的安装，包括机柜的大部分配件的安装

通常一个标准机柜应配成套螺钉、笼型螺母、垫圈等安装五金件。安装时，最好使用专用的笼型螺母安装工具和六角扳手。当然，由于方螺母结构的良好设计，在没有这些专用工具时，一个普通的一字形螺母刀也可完成整个机柜的安装。

（二）机柜的安装

机柜有立式和壁挂式之分，一般以 U 作为一个机柜安装单位，可适用于所有 19 英寸设备的安装。在机柜内，可安装 19 英寸的各种接线盘（如 RJ45 插座接线盘高频接线模块接线盘和光纤分线接线盘）和用户有源设备（如交换机）。立式机柜结构为组合式，具有多功能机柜的特点、形式灵活、组装方便，并能适应各种变化的需要。例如，将配线柜两侧的侧板和前后门拆去即成配线架或拆去两侧板使得左右并架成排（分别在左侧或右侧单侧并架或两侧同时并架），以适应各种安装环境的变化或容量扩大成为大型配线架时的需要。

下面介绍通用的 19 英寸标准机柜的部件安装。

1. 插座排与管理线盘的安装

安装插座排或电缆管理线盘前，首先应在配线柜相应的位置上安装 4 个浮动螺母，然后将所要安装的设备用附件 M4 螺钉固定在机架上，每安装一个插座排（至多两个 16 或 24 位插座，至多一个光纤接线盘或一个 250 回线高频接线模块背装架）均应在相邻的位置安装一个管理线盘，以使线缆整齐有序。注意，电缆的施工最小曲率半径应大于电缆外径的 8 倍，长期使用的最小曲率半径应大于电缆外径的 6 倍。

2. 用户有源设备的安装

用户有源设备的安装通过使用托架实现或直接安装在立柱上。

3. 空面板安装和机架接地

配线柜中未装设备的空余部分，为了整齐美观，可安装空面板，以后扩容时，将空面板再换成需安装的设备即可。为保证运行安全，架柜应有可靠的接地，如从大楼联合接地体引入，其接地电阻应小于或等于 1Ω。

4. 进线电缆管理的安装

进线电缆可从架（柜）顶部或底座引入，将电缆平直安排、合理布置，并用尼龙扣带捆扎在 L 形穿线环上，电缆应敷设到所连接的模块或插座接线排附近的线缆固定支架处，也可用尼龙扣带将电缆固定在线缆固定支架上。

5. 跳线电缆管理的安装

跳线电缆的长度应根据两端需要连接的接线端子间的距离来决定，跳线电缆必须整齐合理布置，并安装在 U 形立柱上的走线环和管理线盘上的穿线环上，使走线整齐有序，以便于维护检修。

墙挂式机架是按通用 19 英寸制式机柜标准设计制造的，它是一种简易式小容量的配线架，适用于安装环境面积不太宽裕的场合，可以直接安装在墙壁上，一般用于中小型智能建筑的综合布线系统的建筑物配线架或各个楼层设置的楼层配线架。在机架上可安装所有 19 英寸的设备，如高频模块接线盘、RJ45 插座接线盘等设备。

安装时，首先查看墙挂式配线架的尺寸图。机架的安装位置要便于接线操作，机架应垂直牢固安装，电缆进线时，安装走线槽道至机架，用 4 颗 M6 膨胀螺钉在墙上安装固定即可。

二、机柜内配线架和交换机的安装

（一）机柜内安装配线架的技术要点

在楼层配线间和设备间内，配线架和网络交换机一般安装在 19 英寸的机柜内。在机柜内部安装配线架前，首先要进行设备位置规划或按照图纸规定确定位置，统一考虑机柜内部的跳线架配线架、理线环、交换机等设备，同时考虑配线架与交换机之间跳线方便。为了使配线架和设备的安装美观大方且方便管理，必须对机柜内设备的安装进行规划，具体遵循以下原则。

配线架的安装原则：缆线采用地面出线方式时，一般缆线从机柜底部穿入机柜内部，配线架宜安装在机柜下部；当采取桥架出线方式时，一般缆线从机柜顶部穿入机柜内部，配线架宜安装在机柜上部；当缆线采取从机柜侧面穿入机柜内部时，配线架宜安装在机柜中部。一般配线架安装在机柜下部，交换机安装在其上方。

每个配线架之间安装有一个理线架，每个交换机之间也要安装理线架。

正面的跳线从配线架中出来全部要放入理线架内，然后从机柜侧面绕到上部的交换机间的理线器中，再接插进入交换机端口。

（二）双绞线配线架

双绞线配线架的安装步骤如下：
①检查配线架和配件的包装是否完整；
②将配线架安装在机柜设计位置的左右立柱对应的孔中，水平误差不大于 2mm，更不允许左右孔错位安装；
③理线；
④端接打线；
⑤做好标记，安装标签条。

（三）110 配线架

通信跳线架主要用于语音配线系统。通信跳线架一般采用 110 配线架，主要是上级程控交换机过来的接线与到桌面终端的语音信息点连接线之间的连接和跳接部分，便于管理、维护、测试。

110 配线架的安装步骤如下：
①取出 110 配线架和附带的螺丝；
②利用十字螺丝刀把 110 配线架用螺丝直接固定在网络机柜的立柱上；
③理线；
④按打线标准把每个线芯按照顺序压在跳线架下层模块端接口中；

⑤把 5 对连接模块用力垂直压接在 110 配线架上，完成下层端接。

（四）交换机的安装

交换机安装前，首先应检查产品外包装是否完整和开箱检查产品，收集和保存配套资料。安装部件一般包括交换机、两个支架、一根电源线、一个管理电缆、4 个橡皮脚垫和 4 个螺钉。安装交换机的一般步骤如下：

①从包装箱内取出交换机设备；

②给交换机安装两个支架，安装时要注意支架方向；

③将交换机放到机柜中提前设计好的位置，用螺钉固定到机柜立柱上，一般交换机之间的安装距离至少留 1U 的空间，用于空气流通和设备散热；

④将交换机外壳接地，将电源线拿出来插在交换机后面的电源接口中；

⑤完成上面几步操作后，就可以打开交换机电源了，在开启状态下查看交换机是否出现抖动现象，如果出现请检查脚垫高低或机柜上的固定螺丝的松紧情况。

拧取这些螺钉的时候不要过于紧，否则会让交换机倾斜，也不能过于松垮，这样交换机在运行时不稳定，工作状态下设备会抖动。

（五）理线架（环）的安装

由于配线架和设备的前端或者后端都将会有大量线缆连接，因此需要配备理线环进行管理和支撑。安装理线环的一般步骤如下：

①取出理线架（环）和所带的配件（螺丝包）；

②将理线架（环）安装在网络机柜的立柱上。

三、编号标识

（一）标识方法

电信间和设备间的命名和编号是一项非常重要的工作，直接涉及每条缆线的命名，因此电信间命名首先必须准确表达清楚该电信间的位置或者用途，这个名称从项目设计开始到竣工验收及后续维护必须保持一致。如果出现项目投入使用后用户改变名称或者编号时，必须及时制作名称变更对应表，作为竣工资料保存。

电信子系统使用色标来区分配线设备的性质，应标明端接区域、物理位置、编号、容量、规格等，以便维护人员在现场一目了然地加以识别。完整的标记应包含以下信息：建筑物名称、位置、区号、起始点和功能。综合布线使用 3 种标记：电缆标记、场标记和插入标记。其中，插入标记用途最广。

1. 电缆标记

电缆标记主要用来标明电缆的来源和去处，在电缆连接设备前电缆的起始端和终端都应做好电缆标记。电缆标记由背面为不干胶的自色材料制成，可以直接贴到各种电缆表面上，其规格尺寸和形状根据需要而定。例如，根电缆从 3 楼的 311 房的第一个计算机网络信息点拉至楼层电信间，则该电缆的两端应标记上"311-D1"的标记，其中"D"表示数据信息点。

2. 场标记

场标记又称为区域标记，一般用于设备间、配线间和二级交接间的管理器件之上，以区别管理器件连接线缆的区域范围。它也是由背面为不干胶的材料制成的，可贴在设备醒目的平整表面上。

3. 插入标记

插入标记一般用于管理器件上，如 110 配线架、BIX 安装架等。插入标记是硬纸片，可以插在 1.27cm×20.32cm 的透明塑料夹里，这些塑料夹可安装在两个 110 接线块或两根 BIX 条之间。每个插入标记都用色标来指明所连接电缆的源发地，这些电缆端接于设备间和配线间的管理场。对于插入标记的色标，综合布线系统有较为统一的规定具体见表 9-6，不同色标可以很好地区别各个区域的电缆，方便管理子系统的线路管理工作。

表 9-6 插入标记的色标含义

色别	设备间	配线间	二级交接间
蓝	设备间至工作区或用户终端线路	连接配线间与工作区的线路	自交换间连接工作区线路
橙	网络接口、多路复用器引来的线路	来自配线间多路复用器的输出线路	来自配线间多路复用器的输出线路
绿	来自电信局的输入中继线或网络接口的设备侧	—	—
黄	交换机的用户引出线或辅助装置的连接线路	—	—
灰	—	至二级交接间的连接电缆	来自配线间的连接电缆端接
紫	来自系统公用设备（如程控交换机或网络设备）连接线路	来自系统公用设备（如程控交换机或网络设备）连接线路	来自系统公用设备（如程控交换机或网络设备）连接线路
白	干线电缆和建筑群间连接电缆	来自设备间干线电缆的端接点	来自设备间干线电缆的点到点端接

（二）标识编制原则

为了统一管理，电信间和设备间子系统的标识编制应按下列原则进行。

①规模较大的综合布线系统应采用计算机进行标识管理，简单的综合布线系统应按图纸资料进行管理，并应做到记录准确、及时更新、便于查阅。

②综合布线系统的每条电缆、光缆、配线设备、端接点、安装通道和安装空间均应给定唯一的标识。标识中可包括名称、颜色、编号、字符串或其他组合。

③同一条缆线或者永久链路的两端编号必须相同。

④设备间交接间的配线设备宜采用统的色标区别各类用途的配线区。

⑤配线设备、线缆、信息插座等硬件均应设置不易脱落和磨损的不干胶条标识，并应有详细的书面记录和图纸资料。

四、机柜及设备安装注意事项

安装完工后，其水平度和垂直度都必须符合生产厂家的规定，当厂家无规定时，要求机柜和设备与地面垂直，各个直列上下两端垂直倾斜误差每米不应大于3mm，底座水平误差每米不应大于2mm。

机柜和设备上各种零部件不应缺少或碰坏，设备内部不应留有杂物。各种标识应统一、完整、清晰、醒目。

机柜和设备必须安装牢固可靠，无松动或摇晃现象，当有抗震要求时，应根据设计规定或施工图中防震措施要求进行抗震加固。

机柜和设备前应预留1.5m的空间，机柜和设备背面距离墙面应大于0.8m，以便人员施工维护和通行。相邻机柜设备应靠近，同列机柜和设备的机面应排列平齐。

对于建筑群配线架或建筑物配线架，当采用双面配线架的落地安装方式时，应符合规定要求。例如，如果线缆从配线架下面走线，则配线架的底座位置应与成端电缆的上线孔相对应，以利于线缆平直引入架上等。

在交接间中的楼层配线架，一般采用单面配线架或其他配线接续设备，其安装方式都为墙上安装。建筑群配线架或建筑物配线架若也采用壁挂式，均要求墙壁必须坚固牢靠，能承受机柜重量，其机柜底距地面宜为300～800mm，视具体情况而定。

在新建的智能建筑中，综合布线系统使用的交接箱或分线设备（包括所有配线接续设备）宜采取暗敷设方式，埋装在墙壁内。先将设备箱体埋在墙内，箱体的底部距离地面宜为500～1000mm。在已建的建筑中因无暗敷管路，交接箱或分线设备等接续设备宜采取明敷方式,以减少凿打墙洞的工作量和对建筑结构强度的影响。

机柜、设备、金属管和槽道的接地装置应符合设计、施工及验收标准规定要求,并保持良好的电气连接。所有与地线连接处应使用接地垫圈,垫圈尖角应对向铁件,以便刺破其涂层,只允许一次装好,不得将已装过的垫圈取下重复使用,以保证接地回路通畅无阻。

9.6 配线架的端接

【任务目标】

能熟练使用端接工具完成双绞线配线架和 110 配线架的端接和标识操作,并保证端接质量。

【任务内容】

在配线实训装置上,每人完成一次双绞线配线架的端接与测试、一次双绞线配线架与 110 配线架的串联端接与测试。

具体要求如下:

①根据任务给出计划和材料工具清单;

②双绞线配线设备端接操作规范、质量良好、测试为连通状态;

③110 配线设备端接操作规范、质量良好、测试为连通状态;

④两类配线架串联端接后测试为连通状态。

一、双绞线布线系统的配线设备

(一) 110 交连系统

110 交连硬件应用于交接间、二级交接间和设备间中实现线缆端接。端接方式有 110A、110P 和插座面板 3 种类型。110A 与 110P 虽规模、面板大小和占有空间不同,但具有相同电气功能,接线块每行最多端接 25 对线。110 交连场端接线路的模块系数由连接块线对数决定,可为 3 对、4 对、5 对线。

110A 是夹接式,适用于线路不改动、移动和重组的场合,且其占空间面积是 110P 的 $\frac{1}{3}$,可垂直堆叠,价格较低,故应用于信息点较多的场合,特别是超过 2000 条线路的设备间。

110P 是插接式,适用于线路需改动、移动和重组的场合。另外,当数据传输速率为 16MHz 或更高时需要用到 110P,其外形简洁,易用软线替代跳线。

（二） 110 交连硬件组成

110A 和 110P 的交连硬件组成对比见表 9-7。

表 9-7　110A 和 110P 的交连硬件组成对比

110A 交连硬件	110P 交连硬件
100 或 300 对线的接线块（配或不配安装脚）	100 对线的 110D 接线块，装在终端块面板上
3/4/5 对线的 110C 连接块	3/4/5 对线的 110C 连接块
188B1 或 B2 底板	188C 2 或 D 2 底板
88A 定位器	188E2 水平跨接线过线槽
188U T I-50 标记带（空白带）	标记带／牌号标签
色标不干胶线路标识	接插软线
X L B E T 框架（只适用 110AW 1）	针穿线管
交连跨接线	110 插座面

1. 110A 连接硬件

夹接式（110A）配线架装有由若干齿形条塑料件所组成的模块用于电缆连接。110A 配线架每行齿形条上金属片的夹子可端接 25 对对绞线。接入的待端接导线沿着配线架通过不干胶色标从左向右放入齿形条间槽缝里，用专用冲击工具把连接块"冲压"到配线架上，以实现电缆的连接。

托架是小的塑料部件被扣装到 110A 配线架的"支撑腿"上，用来保持交叉连接线。背板是一个平的金属或塑料背板用来将 110A 配线架分开，以便提供水平方向的走线空间，背板上安装有两个封闭塑料布线环，以保持交叉连接线。

2. 110P 连接硬件

接插式（110P）配线架没有"支撑腿"，110P 由水平过线槽及背板组成，这些槽允许自顶布线或自底布线，每行端接 25 对线。

P 型硬件有 300 对线或 900 对线的终端块，它既有现场端接的，也有预先接连接器的。终端块由垂直交替叠放的 110 型接线块和水平跨接线过线槽组成，过线槽位于接线块之上。终端块的下部是半封闭管带连接器的终端，且均已组装完毕，随时可安装于现场。

（三） 110 跳接部件

110 跳线系统是一种高密度、快速连接系统，用于语音和数据的跳接管理，它按 EIA/TIA-568 标准制造，包括 110 配线架、110 连接块、110 快接跳线、110 跳接系统终端架等。

① 110 型配线架。110 型配线架有 25 对、50 对、100 对、300 对多种规格，它的套件还应包括 4 对连接块或 5 对连接块、空白标签和标签夹、基座。110 型配线系统使用方便的插拔式快接式跳接可以简单地进行回路的重新排列，这样就为非专业技术人员管理交叉连接系统提供了方便。

② 110 连接块。110 连接块是 110 配线架上一个小型的阻燃塑料段，内含上下连通的熔锡（银）的接线柱，可压到配线架齿形条上。在配线架中，已将线放置好，连接块中的尖夹子建立的电气触点将连线与连接块的上端接通而无须剥除线对的绝缘护皮。连接块是双面端接的，故交叉连接线可用工具压到它的上边。110 连接块有 3 对线、4 对线和 5 对线 3 种规格。

③ 110 快接跳线。110 快接跳线有两种，一种是跳线的两端都是 4 对 110 插头；另一种是跳线一端是 110 插头，另一端是 8 针 RJ45 插座。这两种跳线的标准长度都是 0.6～2.7m。

④ 110 跳接系统终端架。110 跳接系统终端架有 100 对、300 对和 900 对，包括配线架，3 对、4 对、5 对 110 连接块，插拔式连接头等。水平跳线槽在顶部和底部各装有 1 条。装配好的终端架已与 25 对接头接好，适用于 22～26AWG 金属线，架上设有彩色标识，以便快速连接。

⑤ 110 跳线过线槽。110 跳线过线槽是一个水平的过线槽，位于配线模块之上，用于布放快接式跳线。

⑥ 接插线。接插线是预先装有连接器的跨接线，只要把插头夹到所需位置，就可以完成不同区域之间的交叉连接。它有 1 对线、2 对线、3 对线和 4 对线 4 种，一般是 0.5m 的软线。接插线内部的固定连接能防止极性接反或线对的错接。

⑦ 交连系统的标记。在 110 系统标记中，插入标记最常用，它是一种颜色编码塑料条，插扣到配线模块的不同行上，对应不同的电缆。

⑧ 连接夹和连接线。连接夹和连接线用来建立线缆之间的电气连通性。

⑨ 测试软线。测试软线用来在不拆卸任何跨接线的情况下，在每个终端位置处提供测试，长度有 1.2m 和 2.4m 两种。为了能与 110 型连接块互连，在其插头上装有一个锁定机构。

⑩ 电源适配器跳线。电源适配器跳线用来在配线间中将附属的电源连接到一个 4 对的连接块上。

⑪ 终端绝缘子。终端绝缘子是一对红色的塑料夹，用来对要求专门保护及识别的线路进行保护和标记。

二、配线架的端接

配线架端接时，应注意所要端接的电缆种类，其排线顺序略有不同。

双绞线的主色为白色，副色为蓝、橙、绿、棕。端接时，若按照 ANSI/EIA/TIA-568-B 标准，则为白蓝/蓝、白橙/橙、白绿/绿、白棕/棕的打线顺序；若按照 ANSI/EIA/TIA-568-A 标准，则为白蓝/蓝、白绿/绿、白橙/橙、白棕/棕的打线顺序。由此可见，配线架上的排线顺序与信息模块及水晶头都不同。

25 对大对数线缆的主色为白、红、黑、黄、紫，副色为蓝橙、绿、棕、灰，端接时按色标顺序打线即可。例如，100 对线缆分 4 扎，每扎里应该都有以白、红、黑、黄、紫为主的线对，具体可以这样分：第一组（白/蓝、白/橙、白/绿、白/棕、白/灰），第二组（红/蓝、红/橙、红/绿、红/棕、红/灰），以此类推，依次端接在 110 配线架，就能保证线序的一致性。

（一）双绞线配线架的端接

①安装双绞线配线架。在机柜中，一般会安装多个配线架，用于连接水平子系统的电缆。

②安装理线器。在机柜的布局设计中，一般会配备理线设备，即理线器或理线架，该设备可对各类连接线进行整合，用于保持线缆使之布放整齐而美观。一般情况下，理线器与交换设备、配线架成对出现，即一个交换机配一个理线器，一个配线架配一个理线器。

③卡线。根据配线架上的色标将每根线按照色标所示，压入相应的 V 字槽内。

④打线。使用打线工具进行操作，打线时，用左手扶住配线架，右手手臂与打线刀保持水平，打线刀后座抵在手心内。打线时，声音应该清脆响亮，线头应该被打线刀切断。

⑤绑扎。打线操作完成后，使用绑扎带将电缆固定好。

⑥理线。使用扎带固定好电缆后，应使用剪刀将多余的绑扎线剪去，从而使机柜布局安装更加美观。

（二）110 配线架的端接

1. 电缆在 110P 配线板上的端接

高密度 110 配线架需要高密度端接来保持质量的一致性。

在端接电缆之前，应先把 110 配线架安装上墙，先在墙上标记好 110 配线架安装的水平和垂直位置。对于 300 线对配线架，沿垂直方向安装线缆管理槽和配线架并用螺丝固定在墙上。对于100线对配线架，沿水平方向安装线缆管理槽，配线架安装在线缆管理槽下方。

把第一个110配线模块上要端接的24条线缆牵引到位。每个配线槽中放6条，为了使没有外皮线对的长度变得最小，要考虑线缆的最终端接位置。在最左（右）边的线缆端接在配线模块的左（右）半部分的上两条和下两条牵引条的位置上。将线对压下贴紧线对布线块，但不要贴紧标签。在配线板的内边缘处松弛地将线缆捆起来，这将保证单条的线缆不会滑出配线板槽，避免缆束的松弛或不整齐。

用尖的标记器在配线板边缘处的每条线缆上标记一个新线的位置，这有助于下一步能准确地在配线板的连接处剥去线缆的外皮。

拆开线束并握住它，在每条线缆的标记处刻痕，然后将刻好痕的缆束放回去，为盖上110P配线板做好准备。这时，不要去掉外皮。根据线缆的编号，按顺序整理线缆，以靠近配线架的对应接线块位置，且必须返回去仔细地检查，看看线缆分组是否正确、是否形成可接收的标注顺序。

当所有的4个缆束都刻好痕并放回原处后，安装110布线块（用铆钉），并开始进行端接。端接时，可从内而外开始，先把里面的线布放好，使其更整齐、美观。

在刻痕点之外最少15cm（约5in）处切割线缆，并将刻痕的外皮划掉。

沿着110布线块的边缘将4对导线拉入前面的线槽中去。

拉紧并弯曲每一线对，使其进入到牵引的位置中去，牵引条上的高齿将一对导线分开，在牵引条最终弯曲处，提供适当的压力以使线对变形最小。在线对安放进牵引条后，按颜色编码检查线对安放是否正确、是否变形，再用工具压下并切除线头。

当上面两个牵引条的线对安放好，并使其就位及切制后（在下面两个牵引条完成之前），再进行下面两个牵引条的线对安置。在所有4个牵引条都就位后，再安装110C4连接块。压好所有线对后，在配线架上下两槽位之间安装胶条及标签。

2. 模块化配线板的端接

5类模块化配线板使用110D4连接块，线缆被端接在110D4的顶面上，其端接方法与双绞线配线架类似。

在端接线对之前，要整理线缆。将线缆松弛地用带子缠绕在配线板的导入边缘上，最好将线缆用带子缠绕固定在垂直通道的挂架上，这在线缆移动期间可保证避免线对的变形。

从右到左穿过背面按数字的顺序端接线缆。

对每条线缆切去所需要长度的外皮，以便进行线对的端接。

对于每一组连接块，都要将它们的线缆通过末端的保持器放置。这使得在线缆移动时，线对不变形。

为了不毁坏单个的线对，当弯曲线对时，要保持合适的张力。

对捻必须正确地安置到连接块分开点上，这对于保证线缆的传输性能是至关重要的。

如果线缆外套被安置在连接块前约 6mm 处，则易于保证最近的线对（棕对）端接不被解开。

在用工具将线对压下就位并切去线头前，要按照 110 型快接式接线板的说明检查线对的安放是否正确。若出现线对扭曲，则应用锥形钩进行纠正并重新放置。

3. 信息插座式配线板上的端接

配线板（接线盘）是提供电缆端接的装置。它可安装多达 24 个信息插座模块，并在线缆卡入配线板时，提供弯曲保护。该配线板可固定在一个标准的 19in 配线柜内。下面以信息插座 M100 在 M1000 配线板上的端接为例，介绍端接方法。

①在端接线缆之前，首先整理线缆。松弛地将线缆捆扎在配线板的任一边上，最好是捆到垂直通道的托架上。

②以对角线的形式将固定柱环插到一个配线孔中去。

③设置固定柱环，以便柱环挂住并向下形成一个角度，以有助于线缆的端接。

④插入 M100，将线缆末端放到固定柱环的线槽中去，并按照上述 M100 模块化连接器的安装过程对其进行端接，在第②步以前插入 M100 比较容易一点。

⑤最后一步是向右边旋转固定柱环，完成此工作时，必须注意合适的方向，以避免将线缆缠绕到固定柱环上。顺时针方向从左边旋转整理好线缆，逆时针方向从右边开始旋转整理好线缆。另一种情况是在将 M100 固定到 M1000 配线板上以前，线缆可以被端接在 M100 上。通过将线缆穿过配线板的孔来在配线板的前方或后方完成此工作。

三、端接注意事项

接线模块等连接硬件的型号、规格和数量，都必须与设备配套使用。连接硬件要求安装牢固稳定、无松动现象，设备表面的面板应保持在一个水平面上，做到美观整齐，线缆连接区域划界分明。标识应完整、正确、齐全、清晰和醒目，以便维护管理。

为保证在配线模块上获得端接的高质量，还要做到如下几点。

①线缆与接线模块相接时，根据工艺要求，按标准剥除线缆的外护套长度，如为屏蔽电缆时，应将屏蔽层连接妥当，不应中断。

②利用接线工具将线对与接线模块卡接，同时切除多余导线线头，并清理干净，以免发生线路障碍而影响通信质量。

③为了避免线对分开，转弯处必须拉紧。

④线对必须对着块中的线槽压下，而不能对着任一个牵引条，在安装连接块时，应避免损坏线缆。

⑤线对基本上要放在线槽的中心，向下贴紧配线模块，以避免连续的端接在线槽中堆积起来时所造成的线对的变形。

⑥必须保持对接的正确性，直到在牵引条上的分开点为止，这一点对于保证线缆传输性能是至关重要的。

9.7 双绞线布线系统的测试

【任务目标】

能熟练使用市场上主流的认证测试仪，进行双绞线永久链路和信道链路的测试，并能将测试信息输出至计算机，完成测试报告的保存和打印。

【任务内容】

各组分别搭建一条永久链路和信道链路，用福禄克（FLUKE）测试仪和理想（IDEAL）测试仪对链路进行测试，要求选择对应的测试模块，设置测试选项，完成各类链路测试，用测试报告管理软件将测试结果导入计算机，并打印测试报告。

具体要求如下：

①根据任务给出计划和材料工具清单；

②搭建的两条链路结构正确；

③福禄克（或理想）测试仪模块选择正确，测试仪中链路类型等设置正确，测试仪操作方法正确、规范。

④使用福禄克（或理想）配套测试报告管理软件正确管理和打印测试报告。

一、双绞线布线系统的测试方法

（一）验证测试与认证测试的区别

验证测试主要是对链路的连通性进行的测试，测试的指标较少，主要是接线图、长度；而认证测试是为了保证通信的质量，要在验证测试的基础之上，完成的对链路传输性能的测试，其测试的指标较多，对链路性能的测试更为全面。

（二）常用认证测试模型

1.元件级测试模型

元件级测试主要指测试电缆、跳线、模块，其测试标准要求最高。进场测试和选型测试最好要求元件级测试。单个水晶头一般不作为独立元件进行测试。对于光缆而言，独立元件主要是光纤、连接件、分光器等，耦合器有时会做测试比对。

以 DTX1800 电缆分析仪为例，元件测试方法如下：若是电缆，则将 100m 电缆（元件）两端剥去外皮直接插入 DTX 电缆适配器（LABA）的 8 个插孔中，直接在仪器中选择电缆测试标准（元件级标准）而非链路级测试标准进行测试；若是跳线，则把跳线插入 DTX 的跳线适配器（PCU6S），选择 CAT6 元件级跳线测试标准测试；若是插座模块，则选择模块检测适配器（Salsa）和相应元件级标准测试。

常见的错误的元件质量检测方法是用链路级测试标准替代元件级测试标准进行元件测试。典型做法如下：将 90m 电缆两端打上插座模块，连接永久链路测试模块进行永久链路测试；或者将 100m 电缆两端打上水晶头，插入通道测试模块进行通道测试。

2.链路级测试模型

链路级测试模型主要包括基本链路模型、永久链路模型和通道链路模型。

（1）基本链路模型

基本链路（Basic Link）是综合布线中的固定链路部分，由于综合布线承包商通常只负责这部分的链路安装，所以基本链路又被称为承包商链路。它适合 5 类和超 5 类布线链路测试。基本链路包括最长 90m 的端间固定连接水平线缆、在水平线缆两端的接插件（一端为工作区信息插座，另一端为楼层配线架）及连接两端接插件的两条 2m 测试仪自带的跳线。

(2) 永久链路模型

永久链路（Permanent Link）又称固定链路。在 ISO/IEC11801—2002 和 ANSI/TIA/EIA-568-B.2-1 所制定的超5类、6类标准中，定义了永久链路模型，它将代替基本链路模型。永久链路模型提供给工程安装人员和用户，用以测试所安装的固定链路的性能。因为基本链路使用与测试设备配套的测试跳线，虽品质高，但随着使用次数的增加会导致电气性能指标的变化，进而产生测试误差，此误差包含于总测试结果中，其参数变化直接影响着总测试结果。永久链路模型使用永久链路适配器连接测试仪和被测链路，性能稳定，精度高，不存在摆动损伤和参数漂移，测试仪将自动扣除测试线参数，从技术上避免了跳线对总测试结果的影响。

永久链路包括最长 90m 的水平线缆、在水平线缆两端的接插件（一端为工作区信息插座，另一端为楼层配线架）及链路中相关接头（必要时增加一个可选的转接/汇接头 CP）组成。与基本链路不同的是，永久链路不包括现场测试仪接插线和插头以及两条 2m 的测试电缆，电缆总长度为 90m；而基本链路包括两条 2m 测试电缆电缆总长度为 94m。

永久链路不包括配线间和工作区内的接插跳线，布线链路的起点是配线间，结束点是工作区内的信息插座。

(3) 通道链路模型

通道（Channel）用来测试端到端的链路整体性能，亦称为信道或者用户链路。通道模型包括最长 90m 的水平线缆，在水平线缆两端的接插件（一端为工作区信息插座，另一端为楼层配线架）、一个靠近工作区的可选的附属转接连接器、在楼层配线间跳线架上的两处连接跳线和用户终端连接线，总长度不得超过 100m（其中"用户转接线 + 水平电缆"的长度 ≤ 90m，"用户终端连接线 + 跳线架连接跳线 + 跳线架到通信设备连接线"的长度 ≤ 10m）。由于通道模型使用的是设备跳线，不是基本链路中的测试仪配套测试跳线，因此测试结果更贴近实际。

二、认证测试仪界面

(一) 福禄克的 DTX 系列

1. 测试仪面板

DTX 系列认证测试仪前面板说明见表 9-8。DTX 系列认证测试仪侧面板说明见表 9-9。DTX 系列认证测试仪的智能远端面板说明见表 9-10。

模块 9　智能楼宇布线

表 9-8　DTX 系列认证测试仪前面板说明

序号	名称	功能
1	显示屏	带有背光及可调整亮度的 LCD 显示屏幕
2	测试（TEST）	开始目前选定的测试。如果没有检测到智能远端，则启动双绞线布线的音频发生器。当两个测试仪均接好后即开始进行测试
3	保存（SAVE）	将"自动测试"结果保存于内存中
4	旋钮	旋转开关可选择测试仪的模式
5	开/关按键	控制电源开关
6	对话（TALK）	按下此键可使用耳机来与链路另一端的用户对话
7	亮度	按该键可在背照灯的明亮和暗淡设置之间切换。按住 1s 来调整显示的对比度
8	箭头键	可用于导览屏幕画面并递增或递减字母数字的值
9	输入（ENTER）	可从菜单内选择选中的项目
10	退出（EXIT）	退出当前的屏幕画面而不保存更改
11	功能键	提供与当前的屏幕画面有关的功能。功能显示于屏幕画面功能键之上

表 9-9　DTX 系列认证测试仪侧面板说明

序号	名称	功能
1	接口连接器	可插入双绞线链路适配器
2	模块托架盖	推开托架盖来安装可选的模块，如光缆模块
3	底座	支撑作用
4	插槽及指示灯	DTX-1800 及 DTX-1200 中对应的可拆卸内存卡的插槽及活动 LED 指示灯。若要弹出内存卡，朝里推入后放开内存卡
5	计算机连接口	USB 及 RS-232C 端口，可用于将测试报告上载至 PC 并更新测试仪软件，RS-232C 端口使用 Fluke Networks 供应的定制 DTX 缆线
6	耳机插座	用于对话模式的耳机插座
7	交流适配器连接器	将测试仪连接至交流电时，LED 指示灯会点亮。红灯表示电池正在充电；绿灯表示电池已充电；闪烁的红灯表示充电超时，即电池没有在 6h 内充足电

表 9-10　DTX 系列认证测试仪的智能远端面板说明

序号	名称	功能
1	接口连接器	可插入双绞线链路适配器
2	通过指示灯	当测试通过时，"通过"LED 指示灯会亮
3	测试指示灯	在进行缆线测试时，"测试"LED 指示灯会点亮

续表

序号	名称	功能
4	失败指示灯	当测试失败时,"失败"LED 指示灯会亮
5	对话指示灯	当智能远端位于对话模式时,"对话"LED 指示灯会点亮。按 TALK 键来调整音量
6	测试指示灯	当按 TEST 键但没有连接主测试仪时,"音频"LED 指示灯会点亮,而且音频发生器会开启
7	电量指示灯	当电池电量不足时,"低电量"LED 指示灯会点亮
8	TEST 键	如果没有检测到主测试仪,则开始目前在主机上选定的测试将会激活双绞线布线的音频发生器。当连接两个测试仪后,便开始进行测试
9	TALK 键	按下此键使用耳机来与链路另一端的用户对话。再按一次来调整音量
10	开/关按键	—
11	计算机连接口	用于更新 PC 测试仪软件的 USB 端口
12	耳机插座	用于对话模式的耳机插座
13	交流适配器连接器	将测试仪连接至交流电时,LED 指示灯会点亮
14	模块托架盖	推开托架盖来安装可选的模块,如光缆模块

2.链路接口适配器

链路接口适配器提供用于测试不同类型的双绞线 LAN 布线的正确插座及接口电路。测试仪提供的通道及永久链路接口适配器适用于测试第 6 类布线。可选的同轴适配器用于测试同轴电缆布线。

(二)理想的 LANTEK 系列

LANTEK 系列认证测试仪面板说明如表 9-11 所示。

表 9-11 LANTEK 系列认证测试仪面板说明

	主机		远端机
1	彩色中文显示屏	1	双行 LCD 显示屏
2	选项键	2	危险指示灯
3	箭头/确认键	3	合格指示灯
4	自动测试键	4	不合格指示灯
5	接线图键	5	电源指示灯
6	长度/时域反射测量键	6	自动测试键
7	对讲/分析键	7	退出键
8	帮助/设置键	8	音调键
9	退出键	9	对讲键

续表

	主机		远端机
10	字符数字键	10	功能转换键
11	功能转换键	11	背光键
12	背光键	12	电源开关
13	电源开关	13	低串扰连接器接口
14	低串扰连接器接口	14	耳机话筒插口
15	耳机话筒插口	15	直流输入插口
16	直流输入插口	16	ＤＢ９串口
17	ＰＣＭＣＩＡ插槽	17	ＵＳＢ串口
18	ＵＳＢ串口	—	—
19	ＤＢ９串口		

三、认证测试仪测双绞线布线系统

（一）单一链路测试

1.通道链路认证测试

通道链路认证测试用来测试端到端链路的整体性能，又被称为用户链路测试。应注意连接测试仪与通道链路用的是用户跳线。

以下介绍两种测试仪的通道链路认证测试步骤。

（1）福禄克的DTX-1800测试仪测试的步骤

①设置语言。启动DTX，旋至SETUP选项端，选择中文界面。

②自校准。首先在主机上装CAT6/Class E永久链路适配器，而在远端机装上CAT6/Class E通道适配器，然后将永久链路适配器末端插入通道适配器上，再打开远端机电源，自检后，"PASS"灯亮则表示远端机正常，接着将主机旋至SPECIALFUNCTIONS，打开主机电源，显示主机、远端机软硬件和测试标准的版本，自测后显示界面，选"设置基准"选项后，按ENTER和TEST键开始自校准，并显示"设置基准已完成"字样。

③选择线缆类型和测试类型。将旋钮转至SETUP，进入后依次选择"双绞线""缆线类型""UTP""Cat6UTP"选项，由此选定被测线缆的类型。再依次选择"测试极限""TIA""TIA Cat6 Channel"选项，由此选定测试通道类型。

④自动测试。将旋钮转至Auto Test或SINGLETEST，按TEST键启动测试，9s内完成一条6类链路测试。

⑤在DTX测试仪中为结果命名。有4种命名方式：现场手动命名、用

Link Ware 从计算机中下载、设置为自动递增、套用仪器的命名序列表。

⑥保存测试结果。按 SAVE 键保存测试结果，结果可存于内存或 MMC 多媒体卡中。

⑦故障诊断。当测试出现"失败"时，仪器会自动进行故障诊断测试，可通过按故障信息键（F1）来查看故障图示、原因提示及建议的解决方法，特别是可以通过查看测试参数列表中的"HDTDR"和"HDTDX"两条诊断结果，精确定位故障，迅速将其排除。

⑧测试文件管理。当所有要测的信息点测试完成后，将移动存储卡或测试仪内存上的结果导入计算机上，并用 Link Ware 进行管理分析。Link Ware 软件提供了多种形式的用户测试报告，用户可掌握简短或详细的测试信息。

（2）理想的 LANTEK 测试仪测试的步骤

①现场校准。首先为主机与远端机装好与被测线缆对应的适配器，打开主机电源和远端机电源，选择"现场校准"选项卡，开始校验。注意，一般应每隔 7 天就必须对测试仪进行一次全面的校准，目的是计算并记录测试跳线及设备本身的所有损耗。

②校验完成。现场校验的步骤：首先，将远端机用的测试跳线 2 连接至主机和远端机，按"校准"键；其次，将主机用的测试跳线 1 连接至主机和远端机，按"校准"键；最后，将测试跳线 1 连接至主机，按"校准"键，将测试跳线 2 连接至远端机，两机都按 Auto Test 键。

③选择正确的电缆类型。选择"电缆类型"选项卡，在"电缆类型"选项卡中，可以选择多种电缆类型，包括双绞线永久链路、双绞线基本链路、双绞线通道、以太网等，在此选择"双绞线通道"选项。

④选择正确的通道类型。选择了双绞线通道后，还需要在子菜单中选择正确的通道类型，由于采用的线缆类型不同，可供选择的通道链路模型有 CAT3UTPChan、CAT5UTPChan、CAT5STPChan、CAT5EUTPChan、CAT-3STPChan 等。

⑤自动测试。选择了正确的链路模型后，就可使用测试仪中的 Auto Test 按钮，对链路进行自动测试，测试完成后可在屏幕中显示相关的测试结果，并可将测试结果保存。

⑥测试文件管理。当所有要测的信息点测试完成后，将移动存储卡上的结果传输到安装在计算机上的 LANTEK Reporter 软件中进行管理分析。LANTEK Reporter 软件可提供多种形式的用户测试报告，用户可选择其中的一种。

2.永久链路认证测试

永久链路又称固定链路,其将代替基本链路方式。注意连接测试仪与永久链路的是测试仪自带的测试跳线,而非用户跳线。

以下介绍两种测试仪的永久链路认证测试步骤。

福禄克的 DTX-1800 测试仪测试的步骤:安装永久链路适配器后,除测试类型必须选择 Perm Link 选项外,其测试方法和测试步骤与通道测试一样。

理想的 LANTEK 测试仪测试的步骤:除电缆类型必须选择"双绞线永久链路"进而选择相应子链路外,其测试方法和测试步骤与通道测试一样。

①开始测试。完成校准,选择了正确的电缆类型后,再按"自动测试"键(Auto Test)对永久链路进行自动测试,测试完成后,会在屏幕上显示具体的测试结果。

②查看具体的测试参数值。测试完成后,可查看具体的测试结果,如本次测试中显示的是近端串扰出现错误,可以查看错误的原因,发现是 3、6 线对与 5、4 线对的近端串扰不符合要求。

(二)双链路测试

除了上述的对单一链路(通道链路或永久链路)进行认证测试外,LANTEK 测试仪还可同时进行双链路的认证测试,即同时完成永久链路和通道链路的测试,并可比较两者的不同,使用户对链路性能得到全面的了解。

①选择链路。与单一链路测试一样,首先必须选择正确的链路类型,在此选择"双绞线永久链路"选项。

②任选两个测试链路。任意选择两种链路类型,如可选择 Cat6-250UTP-Chan 和 Cat6-250UTPPerm,使其同时对一条电缆进行永久链路和通道的测试。选择完成后,按 Auto Test 键开始进行测试。

③查看测试结果。测试结束后,将在屏幕上显示具体的测试结果,屏幕左侧为永久链路的测试结果,屏幕右侧为通道链路的测试结果,通过查看测试结果可以得知永久链路测试未能通过,而通道链路则通过了测试,从结果中就可以非常清楚地了解到永久链路的测试比通道链路的测试要严格得多。

④测试文件夹。在同时对链路进行永久链路和通道链路测试时,会在当前文件夹中新建两个作业文件,即 TEST0008a 和 TEST0008b,前者是永久链路测试的记录,后者是通道链路测试的记录。

四、测试报告管理软件

综合布线工程验收是工程建设的最后一个环节,它将决定布线工程的完成质量，一般认为验收就是竣工验收，验收结束时需要提供给用户相关的测试报告，该报告将决定工程是否符合标准。

（一）福禄克的 LinkWare Stats 软件

DTX 测试仪随附的缆线测试管理软件可用于执行下面的步骤：
①将测试数据记录上载至 PC；
②查看测试结果；
③将 ANSI/TIA/EIA-606-A 管理信息添加至数据记录；
④整理、定制及打印专业质量的测试报告；
⑤更新测试仪软件；
⑥创建数据并将数据下载到 DTX，包括设置数据线缆 ID 列表；
⑦校准永久链路适配器；
⑧在测试仪之间传送自定义极限值。

加载数据完成后，可单击每条记录进行详细信息查看。测试记录可使用打印机进行打印，形成最终的测试报告；也可进行现场数据分析，查看详细的参数信息。测试报告打印完成后，可对测试内容、测试报告进行具体分析，包括余量、极限值等相关内容的分析，从而判断工程的完成质量。

（二）理想的 LANTEK Reporter 软件

美国理想工业公司的 LANTEK 系列认证测试仪基本包中附有 LANTEK Reporter 测试报告生成软件。该软件和普通应用程序安装类似，在计算机上正确安装该软件后，建立计算机与 LANTEK 系列认证测试仪的连接。连接的建立有以下两种方式。

①USB 连接。将 USB 线接到测试仪和计算机可用的 USB 接口上。打开测试仪电源，启动完成后，按 F2 键，然后按 F3 键选择 USB。在 LANTEK Reporter 的"文件"菜单中选 Upload From Tester（由测试仪上传）选项或在工具栏中选择图标，完成数据加载。

②RS-232 串口的连接。将 RS-232 线接到测试仪和计算机可用的 RS-232 接口上。打开测试仪电源，启动计算机上的 LANTEK Reporter 程序，在"选项"菜单上选 Upload Target（上传目标）选项，然后选择 Comm Port 选项（通信接口）。在 LANTEK Reporter 的"文件"菜单中选择 Upload From Tester 选项（由测试仪上传）或在工具栏中选择图标，完成程序加载。

在测试仪上还有存储卡的扩展插槽，在内存不够用的情况下，可以插卡扩展数据存储容量，并通过存储卡导入数据。

加载数据完成后，可单击每条记录进行详细信息查看。测试记录可使用打印机进行打印,形成最终的测试报告,打印模式包括3种,分别是单行报表、简短报表和详细报表。测试报告打印完成后,可对测试内容、测试报告进行具体分析,包括余量、极限值等相关内容的分析,从而判断工程的完成质量。

五、测试仪使用注意事项

①根据测试仪使用操作说明,正确使用仪器仪表。正确使用测试仪是保证测试结果可靠的关键。要避免测试中由于疏忽,导致设置错误或误操作等问题。

②测试前,完成对测试仪主机、远端机的充电,并观察充电达80%,因为缺电会丢失数据。

③熟悉施工现场并在测试时核对管理文档和标识。

④测试结果"失败",可能由多个原因造成,要复测。

⑤对测试结果必须编号储存,测试仪提供的测试报告应是不可修改的计算机文件,并加密,以保护用户利益。测试结果应打印出来并整理存档。

⑥可运用测试仪的"故障排除"功能迅速发现被测系统的故障现象,并结合实际的施工情况和所用的设备情况查明故障原因并排除。

9.8 双绞线布线系统的故障诊断与修复

【任务目标】

能用认证测试仪对双绞线布线系统的各性能参数进行测试,并通过分析测试结果,诊断链路故障的原因,并提出针对性的修复方案。

【任务内容】

在故障实训台上,各组使用理想和福禄克测试仪对各种故障链路进行测试,查看并分析链路各性能参数的曲线,并查找故障原因,提出修复的方法,以加深对布线标准、测试极限值和双绞线各性能参数的理解,强化认识有线操作工艺与规范性对链路质量的影响。

具体要求如下:
①根据任务给出计划和材料工具清单;
②正确选用双绞线链路的测试标准;
③查找能反映出双绞线链路故障的测试数据;
④根据测试曲线和数据分析产生的原因,要求有理有据;
⑤对于解决故障所提出的办法要合理、有效。

一、双绞线布线系统的认证测试

（一）双绞线布线系统测试标准

GB/T50312—2000、ISO/IEC11801—1995 和 EIA TSB 67—1995 标准定义的 5 类布线系统，基本测试指标含有接线图、长度、衰减、近端串扰 4 项，任选项目有衰减串扰比、回波损耗、传输时延、特性阻抗、环境噪声干扰强度、直流环路电阻。

ANSI/TIA/EIA-568-A5—2000 和 ISO/IEC11801—2000 只定义到超 5 类布线系统测试标准，测试指标除 5 类的 4 项外，还含有近端串扰、衰减与近端串扰比、等电平远端串扰、近端串扰功率和、衰减串扰比功率和、回波损耗、传输时延和时延偏差等。

ANSI/TIA/EIA-568-B.2-1 是只定义到 6 类布线系统的测试标准。ISO/IEC11801—2000 的修订版中提出了 7 类布线系统的标准。ANSI/TIA/EIA-568-C.2-1 甚至提出了 8 类布线系统的标准。

（二）双绞线布线系统的性能指标

1. 接线图

接线图（Wire Map）是用来确定链路的连接是否正确以及链路线缆的线对接续是否正确的。由于布线施工中端接工艺和放线穿线技术差错等原因，易产生开路、跨接、反接和串绕等情况。若连接错误，测试仪将提示测试失败，并提示错误类型。

①开路。当电缆内一根或多根线缆已经被折断或接续不完全时就会出现开路故障。

②短路。短路是两根纤芯连接在一起导致的。

③跨接（错对）。跨接是两端的 1、2 线对分别与另一端的 3、6 线对相连接，实际上就是一端使用 ANSI/TIA/EIA-568-A 的接线标准，另一端则使用 ANSI/TIA/EIA-568-B 的标准，这种接法一般用在网络设备之间的级联或两台计算机之间的互联，也就是平常所说的反线。

④反接（交叉）。当一个线对的两根导线在电缆的另一端被连接到这一端相反的针上时，就会出现反接现象。

⑤串绕。所谓串绕就是虽然保持了线缆的连通性，但实际上两对物理线对被拆开后又重新组合成两组新的线对，最典型的串绕案例就是施工人员不清楚正确的接线标准，没按照 12、36、45、78，而按照 12、34、56、78 的线对关系进行接线而造成极大串扰，此错误连接对传输性能将产生严重影响，

会造成上网困难或者不能上网，且用普通的万用表无法查出，只能用电缆认证测试仪才可检测出来。

2．长度

基本链路和通道的长度，既可以通过测量电缆的长度来确定，也可以从每对芯线的电气长度测量中导出。

电缆长度的测试一般有两种方法：一是通过 TDR 技术，二是通过测量电缆的电阻。

用测试仪进行 TDR 测量时，它向一个线对发送一个脉冲信号，当碰到阻抗的变化点（如接头开路、短路或不正常接线）时，就会将部分或全部的脉冲能量反射回测试仪，可得来回脉冲的延迟时间，用纳秒（ns）表示。获得这一时间测量值并知道了电缆的额定传输速度后，用额定传输速度乘以光速再乘以往返传输时间的一半就得到了电缆的电气长度。

由此可得长度计算公式为

$$L=T/2 \times (NVP \times c)$$

式中：L—— 电缆长度，km；

T—— 信号传送与接收之间的时间差，s；

NVP—— 额定传输速度，m/s；

c—— 真空状态下的光速（3×10^8 m/s）。

所谓额定传输速度，就是电信号在电缆中传输速度和光在真空中传输速度之间的比值，其值一般都是由厂商给定的。$NVP=$ 信号传输速度 / 光速，一般取 60%～90%。测试准确度依赖于 NVP 值，故在正式测量前用已知长度（大于 15m，建议 30m）的电缆来校正测试仪的 NVP 值，测试结果会更精确。一般 UTP 的 NVP 值为 62%～72%。

但是需要注意以下两点。① TDR 的精度很难达到 2%，NVP 值通过以上方法不易准确测量，故通常采取忽略 NVP 值的影响，而采取直接对长度测量极限值加上 10% 的做法。由此 TSB-67 修正了测试参数，原 3 种模型最大物理长度分别为：基本链路是 94m，永久链路是 90m，通道是 100m，再加上 10% 余量后，通过 / 失败测试（pass/fail）的参数变成：基本链路是 103.4m，永久链路是 99m，通道是 110m。所测布线链路长度是端间电缆芯线的实际物理长度，因各芯线有扭绞且绞距不同，故要分别测试 4 对芯线的物理长度，其测试结果会大于布线所用电缆长度。

②国际布线标准 ISO/IEC11801—1995（E）中没有要求长度测量。

3. 特性阻抗

特性阻抗是阻碍电流的阻抗。通信电缆的特性阻抗是电感电容和电阻的综合值，这些参数取决于电缆的结构，电缆的特性阻抗建立在电缆的物理特性上，即导体尺寸、线对的电线缆之间的距离、导线绝缘层的绝缘性能。

一般情况下，5 类和超 5 类 UTP 电缆在 1 ～ 100MHz 的频率范围内的特性阻抗为 100Ω±15Ω。

4. 衰减

衰减在 ANSI/TIA/EIA-568-B 中已被定义为插入损耗，是信号能量沿基本链路或通道损耗的量度，它取决于电缆的电阻、电容、电感的分布参数和信号频率，随频率的增高而增大，随温度的升高而增长，随线缆长度的增大而增高。此外，引起衰减的原因还有集肤效应、阻抗不匹配、连接电阻以及温度等因素。布线链路中的所有布线部件对链路的总衰减量都有贡献，包括电缆对信号的衰减、通道链路中的 10m 的跳线或基本链路中的 4m 跳线对信号的衰减、每个连接器对信号的衰减等。

衰减（A）公式：

$$衰减 = 发射信号值 / 接收信号值$$

衰减以分贝（dB）来度量，衰减的 dB 值越大，衰减越大，表示接收到的信号越弱，强度减弱到一定程度，会引起链路传输的信息不可靠，故衰减越小越好。

在现场测试中发现，衰减不通过往往与两个原因有关：其一是测试链路过长；其二是链路阻抗异常，过高的阻抗消耗了大量的信号能量，使得接收端无法判读信号。

在选定的某一频率上，通道和基本链路的衰减允许极限值见表 9-11，该表内的数据是在 20℃时给出的允许值。随着温度的增加，衰减也会增加。TSB-67 规定，在其他温度下测得的衰减值通过公式进行转换，使其换算成 20℃时的相应值再与表 9-12 中的数值进行比较。

表 9-12　通道和基本链路的衰减允许值

频率 (MHz)	3 类 (dB) 通道链路	3 类 (dB) 基本链路	4 类 (dB) 通道链路	4 类 (dB) 基本链路	5 类 (dB) 通道链路	5 类 (dB) 基本链路	5e 类 (dB) 通道链路	5e 类 (dB) 基本链路	6 类 (dB) 通道链路	6 类 (dB) 基本链路
1.0	4.2	3.2	2.6	2.2	2.5	2.1	2.4	2.1	2.2	2.1
4.0	7.3	6.1	4.8	4.3	4.5	4.0	4.4	4.0	4.2	3.6
8.0	10.2	8.8	6.7	6.0	6.3	5.7	6.8	6.0	—	5.0
10.0	11.5	10.0	7.5	6.8	7.0	6.3	7.0	6.0	6.5	6.2

续表

频率 (MHz)	3类 (dB) 通道链路	3类 (dB) 基本链路	4类 (dB) 通道链路	4类 (dB) 基本链路	5类 (dB) 通道链路	5类 (dB) 基本链路	5e类 (dB) 通道链路	5e类 (dB) 基本链路	6类 (dB) 通道链路	6类 (dB) 基本链路
16.0	14.9	13.2	9.9	8.8	9.2	8.2	8.9	7.7	8.3	7.1
20.0	—	—	11.0	9.9	10.3	9.2	10.0	8.7	9.3	8.0
25.0	—	—	—	—	11.4	10.3	—	—	—	—
31.25	—	—	—	—	12.8	11.3	12.6	10.9	11.7	10.0
62.5	—	—	—	—	18.5	16.7	—	—	—	—
100	—	—	—	—	24.0	21.6	24.0	10.4	21.7	18.5
200	—	—	—	—	—	—	—	—	31.7	26.4
250	—	—	—	—	—	—	—	—	32.9	30.7

5. 回波损耗

回波损耗是由于综合布线系统阻抗不匹配导致的一部分能量的反射，单位为dB。当端接阻抗与电缆的特性阻抗不一致时，在通信电缆的链路上就会导致阻抗不匹配。阻抗的不连续性引起链路偏差，当电信号到达链路偏差区时，必须消耗掉一部分能量来克制链路的偏移。这样会导致两个后果：一个是信号损耗，另一个是少部分能量会被反射回发射机。因此，阻抗不匹配既会导致信号损耗，又会导致反射噪声。

标准规定UTP特性阻抗为100Ω，但不同厂商或同厂商不同批次的产品允许存在一定的偏离值，故为了保证整条链路的特性阻抗匹配性，建议采购同厂商同批次的电缆和接插件。另外，施工过程中的端接不规范、布放电缆时牵引力过大或过度踩踏挤压电缆等，都可能会引起特性阻抗变化，发生阻抗不匹配情况，故要文明施工、规范施工，以减少阻抗不匹配的现象。

回波损耗公式：

$$回波损耗 = 发射信号功率 / 反射信号功率$$

电缆和连接硬件的阻抗一致性越好，反射信号越小，通道上反射噪声越小，传输信号失真越小，故回波损耗值越大越好。

6. 近端串扰

串扰是高速信号在双绞线上传输时，由于分布互感和电容的存在，在邻近传输线上感应的信号。近端串扰是同一电缆的一个线对中的信号在传输时耦合进其他线对中的能量。近端串扰又被称为线对之间的串扰，单位为dB。近端串扰公式为

$$近端串扰 = 导致串扰的发送信号功率 / 串扰信号功率$$

近端串扰的绝对值越高越好，高的近端串扰值意味着只有很少的能量从

发送信号线对耦合到同一电缆的其他线对中,即耦合的信号很弱。

双绞线的两条导线绞合后相位相差 180°而抵消相互间干扰,绞距越密抵消效果越好,且越能支持高速率。导致串扰过大的原因主要有两类:①选用的元器件不符合标准,如购买了伪劣产品或不同标准的元器件混用等;②施工工艺不规范,常见的有施工时电缆的牵引力过大,破坏了电缆的绞距、接线图错误等。例如,对于 5 类电缆打开绞接长度不能超过 13mm。

对于双绞线电缆链路,近端串扰是一个关键的性能指标,也是最难精确测量的一个指标,特别是随着信号频率的增加其测试难度就更大了。因此,各类线缆应在不同的频率范围内进行测试。

近端串扰必须进行双向测试:TSB-67 明确指出,任何一种链路的近端串扰性能必须由双向测试的结果来决定,在链路的两端各进行一次,总共需要测试 12 次。

这是因为绝大多数的近端串扰是在链路测试端的近处测到的,但是,实际上,大多数近端串扰发生在远端的连接件上,只有长距离的电缆才能累积起比较明显的近端串扰,电缆越长,近端串扰绝对值越小,干扰越强;而有时在链路的一端测试近端串扰是可以通过的,而在另一端测试则是不能通过的,这是因为发生在远端的近端串扰经过电缆的衰减到达测试点时,其影响已经减小到标准的极限值以内了。所以,对近端串扰的测试要在链路的两端各进行一次。实践证明,40m 内测试的数据是真实的。

7. 衰减与近端串扰比

衰减与近端串扰比(ACR)表示了信号强度与串扰产生的噪声强度的相对大小,用于相对衡量收到信号的质量,反映了在电缆线对上传送信号时,在接收端接收到的衰减过的信号中有多少是串扰的噪声影响,它直接影响误码率,从而决定信号是否需要重发。它不是一个独立的测量值,而是双绞线电缆的近端串扰值与衰减的差值,单位是 dB,用对数表示即为减法。表 9-13 列出了关键频率下衰减与近端串扰比的极限值。其计算公式为

$$衰减与近端串扰比 = 近端串扰值 - 衰减值$$

表 9-13 关键频率下衰减与近端串扰比的极限值

频率(MHz)	衰减与近端串扰比最小值(dB)	
	5 类	6 类
1.0	—	70.4
4.0	40.0	58.9
10.0	35.0	50.0

续表

频率（MHz）	衰减与近端串扰比最小值（dB）	
	5 类	6 类
16.0	30.0	44.9
20.0	28.0	42.3
31.25	23.0	36.7
62.5	13.0	—
100	4.0	18.2
200	—	3.0

近端串扰损耗越高且衰减越小，信噪比越高，则干扰噪声强度与信号强度相比越微不足道，故信噪比越大越好。

衰减、近端串扰、衰减与近端串扰比都是频率的函数，应在同一频率下计算和测试，5e 类在 1～100MHz 频率内测试，6 类在 1～250MHz 内测试。

衰减串扰功率和（PSACR）是近端串扰功率和损耗与衰减的差值，它不是一个独立值。

8. 综合近端串扰

综合近端串扰（PSNEXT）也称为近端串扰功率和，是一个线对感应到的所有其他线对对其的近端串扰的总和，即 3 个发射信号的线对向另一相邻接收线对产生的总串扰。综合近端串扰是一个计算值，而不是直接的测量结果，综合近端串扰跟近端串扰一样，也要进行双向测试，只有 5e 类以上电缆才要求测试。此参数对 100Base-T4 和 1000Base-T 这类使用多线对传输信号的高速以太网特别重要。

9. 远端串扰与等电平远端串扰

远端串扰是信号从近端发出，而在链路的另外一端（远端）发送信号的线对与其同侧其他相邻接收线对通过耦合而造成的串扰。电缆长度对测量到的远端串扰影响很大，由于它并不是非常有效的测试指标，因此，在测量中，经常用等电平远端串扰替代远端串扰。

等电平远端串扰是某线对上远端串扰与该线路传输信号衰减的差值，也称为远端 ACR 或 ACR-F，其较为真实地反映了在远端的信噪比。表 9-14 列出了关键频率下等电平远端串扰的极限值，单位为 dB。其计算公式为：

$$等电平远端串扰 = 远端串扰值 - 衰减值$$

表 9-14 关键频率下等电平远端串扰的极限值

频率（MHz）	5 类（dB）		5e 类（dB）		6 类（dB）	
	通道链路	基本链路	通道链路	基本链路	通道链路	基本链路
1.0	57.0	59.6	57.4	60.0	63.3	64.2
4.0	45.0	47.6	45.3	48.0	51.2	52.1
8.0	39.0	41.6	39.3	41.9	45.2	46.1
10.0	37.0	39.6	37.4	40.0	43.3	44.2
16.0	32.9	35.5	33.3	35.9	39.2	40.1
20.0	31.0	33.6	31.4	34.0	37.2	38.2
25.0	29.0	31.6	29.4	32.0	35.3	36.2
31.25	27.1	29.7	27.5	30.1	33.4	34.3
62.5	21.5	23.7	21.5	24.1	27.4	28.3
100.0	17.0	17.0	17.4	20.0	23.3	24.2
200.0	—	—	—	—	17.2	18.2
250.0	—	—	—	—	15.3	16.2

10. 等电平远端串扰功率和

等电平远端串扰功率和（PSELFEXT）是几个同时传输信号的线对在接收线对形成的串扰总和，是在电缆远端测量到的每个传送信号的线对对被测线对串扰能量的总和。

11. 传播时延和时延偏差

传播时延是信号在一个电缆线对中传输时所需要的时间。因为传播时延是实际的信号传播时间，因此传播时延会随着电缆长度的增加而增加。因为双绞线 4 线对的扭绞程度不同，故缠绕密度过高的电线缆对长度会变得很长，这会导致更大的传播时延。时延偏差是同一电缆中传输最快的线对与传输最慢的线对的传播时延差值，以传输时延最小的线对为参照值，其他线对与参照值都有时延差值，取最大的时延差值作为时延偏差。

传播时延通常是信号在 100m 电缆上的传输时间，单位是纳秒（ns）。表 9-15 列出了关键频率下传输时延极限值。

表 9-15 关键频率下传输时延极限值

频率（MHz）	ClassC（3 类）（ns）	ClassD（3 类）（ns）		ClassE（3 类）（ns）	
		通道链路	基本链路	通道链路	永久链路
1.0	580	580	521	580	521
10.0	555	555	—	555	—
16.0	553	553	496	553	496

续表

频率（MHz）	ClassC（3类）(ns)	ClassD（3类）(ns) 通道链路	ClassD（3类）(ns) 基本链路	ClassE（3类）(ns) 通道链路	ClassE（3类）(ns) 永久链路
100.0	—	548	491	548	491
250.0	—	—	—	546	490

二、双绞线布线系统故障诊断与修复

对于承载通信的布线系统，要求有较高的稳定性。为提高布线系统的可靠性，首先要防止问题出现，其次要能迅速解决问题，再者要能长期保持系统的高质量。故一旦出现故障，应能迅速诊断，并有针对性地采取修复措施，以保证系统的正常运行。

（一）诊断测试方法

故障的诊断除凭经验积累外，可利用测试仪器来实现故障的定位。现场测试仪能定位已发现的综合布线或一条独立电缆的错误，这种对故障定位的诊断能力，有助于迅速查找故障的位置并排除它。

1. 时域反射法技术

时域反射法技术（TDR）是大多数测试仪用于测量综合布线链路长度、传输时延（环路）、时延差（环路）和回波损耗等参数的方法。当用于诊断时，针对有阻抗变化的故障进行精确的定位，一般用于与时间相关的故障诊断。这一测试要检验线缆是否存在不连续或突变。有损伤的连接或开路会对反射的测试信号产生一个突变，测试仪可测量到这种反射。此外，反射信号在时间上的延迟可以提供有关距离的数据。这样的测试方法就可以提供诸如第 1 对线在 40.5m 处开路这样的诊断能力。

福禄克的 DTX 电缆认证分析仪能实现高精度时域反射分析（HDTDR），使用高精度时域反射分析诊断回波损耗的操作步骤如下：

①当线缆测试不通过时，先按"故障信息"键（F1 键），此时将直观显示故障信息并提示解决方法；

②深入评估回波损耗的影响，按 EXIT 键返回摘要屏幕；

③选择 HDTDR Analyzer 选项，将显示更多线缆和连接器的回波损耗详细信息，如 70.6m 处回波损耗异常。

2. 时域近端串扰分析技术

时域近端串扰分析技术（TDX）是使数字脉冲与数字信号处理技术相结合，通过在一个线对上发出信号的同时，在另一个线对上观测信号的情况来测量串扰相关的参数以及故障诊断。

若采用模拟频率扫描技术，则测量的是链路整体的近端串扰值，仅能提供串扰发生的频域结果（即串扰发生的频点），并不能报告串扰发生的物理位置，因此，测试仪只能报告用户该链路通过或未通过的结果。然而，TDX是在时域进行测试的，这种方法可以根据串扰发生的时间和信号的传输速度精确地定位串扰发生的物理位置，并用图形化的方式显示沿被测试链路的串扰情况，并能指示出在链路中较高的串扰信号发生的位置。这是目前唯一能够对近端串扰进行精确定位，并且不存在测试死区的技术。

福禄克的DTX电缆认证分析仪能实现高精度时域串扰分析（HDTDX），使用高精度时域串扰分析诊断近端串扰的操作步骤如下：

①当线缆测试不通过时，先按"故障信息"键（F1键），此时将直观显示故障信息并提示解决方法；

②深入评估近端串扰的影响，按EXIT键返回摘要屏幕；

③选择HDTDX Analyzer选项，将显示更多线缆和连接器的近端串扰详细信息。

综合运用各种方法和技术，能快速有效地对故障进行诊断和排查。表9-16列出了在TSB-67的测试中可能出现的链路故障以及用于定位这些故障可能使用的诊断测试。有时，在认证或性能测试中就足以定位某类故障。

表9-16　TSB-67的测试中可能出现的故障及相应的诊断测试

性能测试结果		诊断测试
接线图/连接错误	开路	时域反射法测试
	短路（两根或多根间）	时域反射法测试
线对错	错对	查看线标
	极性接反	查看线标
串扰		时域反射法测试，时域近端串扰分析测试
衰减		链路长度、时域反射法测试、直流回路电阻
近端串扰		时域近端串扰分析测试

（二）测试数据问题与修复措施

测试中的问题涉及方方面面，主要靠测试发现问题并及时查出错误原因，排除故障。在双绞线电缆测试过程中，经常会碰到某些测试项目测试不合格的情况，这说明双绞线电缆及其相连接的硬件安装工艺不合格或者产品质量不达标。要有效地解决测试中出现的各种问题，就必须认真理解各项测试参数的内涵，并依靠测试仪准确定位故障。表9-17列出了常见的测试参数问题及修复措施。

表 9-17 常见的测试参数问题及修复措施

测试问题	可能的原因	修复的措施
接线图测试未通过	①双绞线电缆两端的接线相序不对，造成测试接线图出现交叉现象； ②双绞线电缆两端的接头有短路、断路、交叉、破裂的现象； ③跨接错误，某些网络特意需要发送端和接收端跨接，当为这些网络构筑测试链路时，由于设备线路的跨接，测试接线图会出现交叉	①对于双绞线电缆端接线序不对的情况，可以采取重新端接的方式来解决； ②对于双绞线电缆两端的接头出现的短路、断路等现象，首先应根据测试仪显示的接线图判定双绞线电缆哪一端出现的问题，然后重新端接双绞线电缆； ③对于跨接错误的问题，只要重新调整设备线路的跨接即可解决
链路长度测试未通过	①测试仪额定传播速度（NVP）值）设置不正确； ②实际长度超长，如双绞线电缆通道长度不应超过 100m； ③双绞线电缆开路或短路	①可用已知的电缆确定并重新校准 NVP 值； ②对于电缆超长问题，只能采用重新选择路由布设电缆来解决； ③对于双绞线电缆开路或短路的问题，首先要根据测试仪显示的信息，准确地定位电缆开路或短路的位置，然后采取重新端接电缆的方法来解决
近端串扰测试未通过	①双绞线电缆端接点接触不良； ②双绞线电缆远端连接点短路； ③双绞线电缆线对扭绞不良； ④存在外部干扰源影响； ⑤双绞线电缆和连接硬件性能问题或不是同一类产品； ⑥双绞线电缆的端接质量问题	①对于端接点接触不良的问题经常出现在模块压接和配线架压接方面，因此应对电缆所端接的模块和配线架进行重新压接加固； ②对于远端连接点短路的问题，可以通过重新端接电缆来解决； ③如果双绞线电缆在端接模块或配线架时，线对扭绞不良，则应采取重新端接的方法来解决； ④对于外部干扰源，只能采用金属槽或更换为屏蔽双绞线电缆的手段来解决； ⑤对于双绞线电缆及相连接硬件的性能问题，只能采取更换的方式来彻底解决，所有线缆及连接硬件应更换为相同类型的产品
衰减测试未通过	①双绞线电缆超长； ②双绞线电缆端接点接触不良； ③电缆和连接硬件性能问题或不是同一类产品； ④现场温度过高	①对于超长的双绞线电缆，只能采取更换电缆的方式来解决； ②对于双绞线电缆端接质量问题，可采取重新端接的方式来解决； ③对于电缆和连接硬件的性能问题，应采取更换的方式来彻底解决，所有线缆及连接硬件应更换为相同类型的产品； ④对于现场温度过高，可降低现场温度后再试

有些测试仪（如福禄克）会显示"*"，这表示测试结果在现场测试仪的精度范围之内，以致测试仪不能精确判断测试结果是否通过。若测试结果位于测试仪精度极限且在通过范围内，不能确定是通过还是不通过，则用"*PASS"表示，即虽然测试结果比限定值要高，但在测试仪精度内，故"*PASS"将被认为是PASS，若其他参数也通过，则整个测试结果为PASS；反之，若测试结果位于测试仪精度极限且在未通过范围内，则测试结果为FAIL，即"FAIL"与"*FAIL"均定为FAIL，且整个测试结果定为FAIL。凡是临界数据，应引起用户和施工人员的注意。对于不可靠链路，应该检查故障原因，有可能是布线、端接等原因，也可能是测试仪本身的问题，只有查清原因才能继续测试。

(三) 双绞线故障排查案例分析

1. 案例一

现象：某网调整了网络拓扑结构，并重新划分网段和 VLAN，结果有一台服务器所有用户都不能访问。

诊断：因为重新调整网络拓扑结构后出现问题，若检查网络配置正常，则有可能是动过的链路部分。结构化布线都是通过跳线来灵活改变网络结构的，故先检测跳线。用 DTX 分析仪测试这条服务器链路的参数，结果发现近端串扰参数很差，仪器提示用户跳线质量差，应该更换。用高精度时域串扰分析工具查到故障位置在 5m 跳线的两端，这说明该跳线上的水晶头使用质量不合格。换上备用跳线，测试仍然不过，说明整批跳线都有质量问题。

恢复：用 DTX-PCU6S 跳线适配器对重新买来的跳线进行测试，全部合格。更换跳线后服务器恢复正常。故布线中，要选用质量好的线缆，不能用劣质，低档跳线。

2. 案例二

现象：某网多个用户网速非常慢。

诊断：用 DTX 电缆分析仪测试链路时，仪器屏幕提示"检测到链路中有干扰信号，仍要继续测试吗？"，选择"继续执行测试"，链路显示"合格"，不过这只是仪器判断链路本身的内部参数合格，不代表其外部工作环境合格。本案例来自强电干扰的入侵，仪器才会收到超过一定门限的干扰信号并提示信息。沿着链路的路由方向仔细检查干扰源，发现由于缺少强电槽，一个新的装修工程将电力线缆敷设到了弱电线槽内，并与数据线缆捆扎在一块。

恢复：强弱电线路要间隔一定距离来避免干扰，特别是UTP。排除强电或接地干扰等原因后进行认证测试，或直接将此链路标记不合格，并注明原因。

9.9 弱电系统之门禁、对讲、视频监控系统

任务目标：

认识门禁、对讲和视频监控系统的作用、原理和结构，会识读这 3 类系统的系统图、布线图和接线圈，能根据图纸完成这 3 类系统的布线和接线。

任务内容：

各组根据给定的图纸进行分析并完成门禁、对讲和视频监控系统的布线和接线。

具体要求如下：

①根据任务给出计划和材料工具清单；

②对门禁、对讲和视频监控系统结构理解正确，所用的线缆和部件识别正确；

③门禁、对讲和视频监控系统的布线图、接线图识读正确。

一、门禁控制系统

（一）门禁控制系统的组成

门禁控制系统（亦称出入口控制系统）可以实现人员出入自动控制，或者控制人员在楼内及其相关区域的行动。该系统过去大多是由保安人员、门锁或围墙来实现的。目前，一般是通过计算机网络来进行管理。其中，读卡机、电子门锁、出口按钮、报警传感器和报警喇叭等是直接与人员打交道的设备，用来接收人员输入的信息，再转换成电信号送到控制器中，同时根据来自控制器的信号，完成开锁闭锁等工作。智能控制器接收到有关人员的信息，与存储的信息相比较以做出判断，然后再发出处理的信息。局域网络则可以管理所有的智能控制器，对智能控制器所产生的信息进行分析和处理。门禁控制系统的优点有以下几个方面。

①安全性高。传统门锁是机械结构，总能通过各种手段把它打开，而磁卡又易复制，卡与读卡机之间磨损大、故障率高、安全系数低。但随着感应卡、生物识别等技术的发展，门禁系统的安全性越来越高。

②便于管理。对于出入人很多的通道，钥匙的管理很麻烦，钥匙丢失或人员更换都要把锁和钥匙一起更换。而用门禁控制，则可随时注销卡或密码。

③提高效率。使用门禁系统只需要很少的人在控制中心控制大厦人员的出入，不仅可节省人员，还可提高安保效果。

（二）身份识别技术种类

电子门锁一般设在大楼入口处或者办公区入口处。在出入口控制装置中

使用的出入凭证或个人识别方法有卡片（磁卡、条码卡、智能卡、光卡、光符识别卡等）、代码（指定密码，用于数字密码锁开门）和人体生物特征识别（指纹、掌纹、眼纹、声音等）等多种形式。

当采用磁卡或IC卡方式时，磁卡或IC卡插入后，门方能打开；若设置对讲机控制箱，来访者按探访对象的按钮，通话后，电子门锁方能打开；当采用数字编码时，密码按对后，门方能打开；当采用指纹时，锁中存储了能进入房间者的指纹，当进入者指纹与存储指纹一致时方能进入，可防复制、防窃。

1. 密码键盘识别

密码键盘识别的原理是通过检验输入密码是否正确来识别人员进出权限。

2. 卡识别

卡识别的原理是利用卡片在读卡机上的移动让读卡机读取卡内密码，解码后传至智能控制器来对人员的出入权限进行判断。

3. 生物识别

生物识别通过检验人员生物特征等方式来识别人员进出权限，有指纹型、虹膜型、面部识别型等。生物识别的安全性极好，无须携带卡片，但识别率不高，成本很高、对环境要求高、对使用者要求高，且使用不方便。在国外指纹型、虹膜型、面部识别型占市场的40%，国内则以指纹、掌纹为主。

（三）电控锁种类

电控锁是门禁系统中锁门的执行部件。用户应根据门的材料、出门要求等需求选取不同的锁具。门禁系统的电控锁主要有以下几种类型，见表9-18。

表9-18 电控锁分类

类别	特点	适用场合
电磁锁	断电开门型，符合消防要求，并配备多种安装架以供顾客使用	适用于单向的木门、玻璃门、防火门，对开的电动门
阳极锁	断电开门型，符合消防要求，它安装在门框上部，它本身带有门磁检测器，可随时检测门的状态	适用于双向的木门、玻璃门、防火门
阴极锁	通电开门型，装阴极锁一定要配UPS电源，因为停电时阴极锁是锁门的	适用于单向木门

另外，电控锁还可以分为断电开门与断电关门两种。

（四）门禁控制系统种类

利用前面介绍的部件，可以按照各种不同需求和应用组合成各类门禁系统。

（五）门禁控制系统的选材与布线

1. 选材

下面以单门控制器控制双扇玻璃门为例，详细说明门禁系统的线材选型。

① RS-485 通信网络线：2 芯屏蔽双绞线 $[2×（0.5～1.5）mm^2]$，一般可用带屏蔽超 5 类线或 2 芯屏蔽双绞线通信线。当采用带屏蔽超 5 类时，可将 4 根带白边的拧在一起作为一芯用，其他 4 芯拧成一芯用，以增大导体横截面积；当采用两芯屏蔽双绞线通信线时，双绞线的绞线圈数不低于 60 圈/m。

② 读卡器线：6 芯屏蔽信号线（$6×0.3mm^2$），一般可选用超 5 类线。

③ 门磁线：2 芯电源线（$2×0.5mm^2$）。

④ 按钮线：2 芯电源线（$2×0.5mm^2$）。

⑤ 电源线：3 芯电源线（$3×1.5mm^2$）。

⑥ 电锁控制线：2 芯电源线（$2×0.75mm^2$）。

2. 布线注意

① 不能用网络线布电控锁到控制器的线。

② 电源负荷过大负载，表现为带的电锁太多。

③ RS-485 线路要用双绞线，使用有源转换器。RS-485 通信线必须走规范的手牵手的总线型，不能走星型。

二、访客对讲系统

（一）访客对讲系统的组成

访客对讲系统（亦称楼宇对讲系统、对讲机—电锁门保安系统）是对来访客人与住户之间提供双向通话或可视通话，并由住户遥控防盗门的开关及向保安管理中心进行紧急报警的一种安全防范系统。该系统运用计算机技术、通信技术、CCD 摄像及视频显像技术建立网络，从而实现楼宇入口、住户及保安管理中心三方的通信。

小区楼宇对讲系统的主要设备有对讲管理主机、门口主机、用户主机、电控门锁、多路保护器、电源等相关设备。对讲管理主机设在管理中心，门口主机设在各住户大门的墙上或门上，而用户主机则安装在住户家中。

平时，楼门处于锁闭状态。本楼住户可用卡、钥匙或密码开门。当客人来访时，在门口主机键盘上输入被访住户的房间号，呼叫用户分机，接通后通过对话或图像确认来访者的身份后，可用用户分机上的开锁键打开大楼电控门锁，客人即可进入，闭门器使大门自动关闭并锁好。保安管理中心通过对讲管理主机对各楼对讲系统的工作情况进行监视和异常报警。

（二）访客对讲系统的种类

按系统组成和工作原理，访客对讲系统可分为单户型、单元型、联网型；按照功能，其可分为单对讲系统、可视对讲系统。访客对讲系统的种类均是从小到大、由简单到复杂的，其功能也在不断强大。小区联网型系统是现代化住宅小区管理的一种标志，是单对讲或可视对讲系统的高级形式。

1. 按系统组成和工作原理分

（1）单户型对讲系统

单户型对讲系统是针对别墅式住宅而设计的独立对讲系统。单户型对讲系统具有单对讲或可视对讲、遥控开锁、主动监控等功能，室内机分台式和壁挂式两种。

（2）单元型对讲系统

独立楼宇使用的系统（也称单元楼对讲系统），其特点是单元楼有一个门口控制主机，可根据单元楼层的多少、每层每单元住户来决定。

（3）联网型对讲系统

在封闭小区中，对每个单元楼宇使用单元系统，通过小区内专用（联网）总线与管理中心连接，形成小区各单元楼宇对讲网络。其实联网型是一个最大的类型，分解后就可得到其他的类型。

2. 按功能分

（1）单对讲系统

单对讲系统一般由防盗安全门、对讲系统、控制系统和电源组成。这种系统大多采用总线式布线，解码方式有楼层机解码或室内机解码两种方式，室内机一般与单户型室内机兼容，可实现对讲、遥控开锁等功能，并可与管理中心联网。防盗安全门是在一般防盗安全门的基础上加装电控锁、闭门器等构件。对讲主机可分为直按式主机和普通数码拨号主机。

①直按式主机对讲系统。直按式对讲系统容量较小，有14、15、18、21、27户型等，适用于多层住宅楼，特点是一按就应、操作简便。

②普通数码拨号式主机对讲系统。数码拨号式对讲系统容量较大，多为

256～891户不等，适用于高层住宅楼，其分机采用插接式结构，能直接应用于大厦，操作方式同拨号电话一样。

单对讲系统具体功能如下：

①呼叫与中止功能：门口主机在呼叫室内分机过程中按任意键将停止呼叫，门口主机再次进入待机状态；

②报警功能：室内分机具有向管理中心机发送报警信息的功能；

③锁控功能：主机具有呼叫住户开锁的功能。

从国内功能需求与价格定位出发，单对讲型系统应用最普遍，适用于一幢楼的一扇门洞或筒子楼的一层。

（2）可视对讲系统

可视对讲系统是由门口主机、室内可视分机、不间断电源、电控锁、闭门器等基本部件构成的，连接每个住户室内和楼梯道口大门主机的装置，在对讲系统的基础上增加了影像传输功能，不论白天或黑夜，都能清楚地看见室外的来访人员。可视对讲系统可分为直按式对讲系统、数码拨号式可视对讲系统和联网型可视对讲系统。

①直按式可视对讲系统。该系统由直按式对讲系统发展而来，它不仅具有对讲功能，还能看到访客画面。该系统在主机部分增加一个红外线摄像头（针孔式），通过同轴电缆传到户主话机。直按式可视对讲系统适用于单元楼楼层式的范围。

②数码拨号式可视对讲系统。若是大厦型或者高楼，则可选用数码拨号式可视对讲系统。

③联网可视对讲系统。该系统用单片机技术进行中央计算机控制，具有通话频道和多路可视视频监视线路，覆盖面大，可全方位管理小区的可视对讲。该系统由可视对讲中央联网终端控制机、可视对讲中央联网控制主机、可视对讲中继资料收集器、共同监视对讲门口机、管理员可视对讲总机、房号显示器、住户室内可视对讲机等设备组成。

可视对讲系统具有的功能如下：

①主机显示功能：采用高亮度数码管显示；

②多门口机功能：系统可支持同一单元多门口主机直接控制不同出入口；

③弹性编码功能：小区单元门口主机栋号、单元号用户分机号码设置全弹性，由单元门口主机及室内分机设置完成；

④密码设置功能：管理员可设置系统开锁密码和住户开锁密码，3次错误自动连管理员；

⑤多方双向对讲功能：系统可实现管理员与住户双向对讲或经管理员转

接住户与住户的对讲，还能与小区公共区域对讲；

⑥多方监视功能：具有管理总机、室内分机对多个门口主机可视监视的功能。

⑦锁控功能：系统具有呼叫住户开锁、管理员密码开锁、住户密码开锁和分机监视门口机开锁等多种锁控功能；

⑧限时通话：任何双方的通话时间均限定为 90s；

⑨严格保密功能：任何双方进行通话时，第三方均无法窃听。

（三）访客对讲系统的选材与布线

1. 系统选择

业主可按要求进行不同的系统配置，可在一幢大楼中选用一种对讲系统，也可采取可视系统与单对讲系统混用的系统等。业主对系统的选择可参照以下内容：

①单户型对讲系统是针对别墅式住宅而设计的独立对讲系统；

②单对讲型系统应用最普遍，适合用于一幢楼的一扇门洞或筒子楼的一层；

③直按式对讲系统适用于单元楼楼层式的范围；

④数码式可视对讲系统适用于智能大厦、小区；

⑤联网型可视对讲系统适用于智能大厦、小区联网监视。

2. 产品选择

①价格：国外产品价格较高，国内价格较低。

②性能：对于早期的产品，国外的产品技术较成熟；近几年的产品，国内外并驾齐驱。

③宣传：国外公司资金雄厚，宣传渠道多样，如推送广告、发宣传品、参加展览会、送白皮书等。

3. 楼宇可视对讲系统线材选型

对讲系统接线时，应按照设备接线图的要求连接。

在进行楼宇可视对讲系统布线时，线材的纤芯数量与线径大小根据楼宇对讲系统与工程实际要求情况决定，不同的生产企业各有不同，线径大小可能相似，但线的芯数各有不同，注意在布线预算时的权衡。

①联网总干线要求：建议用 4 芯 1.0mm^2 护套线、2 芯 0.75mm^2 屏蔽双绞线和 96 编 75-5 视频线。

②楼栋主干线要求：每层 3m，6 层以内，建议主干线用 4 芯 0.5mm^2 护套

线和 96 编 75-5 视频线；每层 3m，7～10 层以内，建议主干线用 4 芯 $0.75mm^2$ 护套线和 96 编 75-5 视频线；每层 3m，10 层以上，建议主干线用 4 芯 $1.0mm^2$ 护套线和 96 编 75-5 视频线。

③楼层入户线要求。每层 4 户以内，建议入户干线用 4 芯 $0.3mm^2$ 护套线和 96 编 75-3 视频线；每层 4～8 户以内，建议入户干线用 4 芯 $0.5mm^2$ 护套线和 96 编 75-5 视频线；每层 8 户以上，建议入户干线用 4 芯 $0.75mm^2$ 护套线和 96 编 75-5 视频线。

（2）采购量

一般线材长度的计算与层高、户数有关系。楼宇可视对讲系统线材采购量的计算公式为

采购量 = 实际需求量 + 线耗预算量

①主干线：

主干信号线/主干视频线 = 楼层数×楼层高 + 楼层数×楼层高×30%（或 50% 线耗）

② 1 梯两户型入户线：

入户信号线/入户视频线 = 总户数×8m + 总户数×8m×30%（或 50% 线耗）

③ 1 梯多户型入户线：

入户信号线/入户视频线 = 总户数×15m + 总户数×15m×30%（或 50% 线耗）

④随行电源线：

随行电源线 = 主干线总量 + 入户线总量

三、视频监控系统

（一）视频监控系统的组成

典型的视频监控系统主要由前端设备和后端设备两大部分组成。前端设备通常由摄像机、手动或电动镜头、云台、防护罩、监听器、报警探测器和多功能解码器等部件组成，通过电缆、光纤或微波等多种传输系统与中心控制系统的各种设备建立相应的联系。这些前端设备不一定同时使用，但实现监控现场图像采集的摄像机和镜头是必不可少的。后端设备可进一步分为中心控制设备和分控制设备。视频监控系统由摄像机部分（也可带话筒）、传输部分、控制部分以及显示和记录部分四大部分组成。每一部分包含更加具体的设备或部件。

1. 摄像部分

摄像部分是系统的最前端,是拾取图像信号的设备。它布置在被监视场所的某位置上,使其视场角能覆盖整个被监视的各个部位。摄像机负责摄取现场景物并将画面的光信号变为电信号,传送到控制中心,通过解调、放大后将电信号转换成图像信号,送到监视器上显示。从整个系统来讲,摄像部分是系统的原始信号源,摄像部分的好坏以及它产生的图像信号输出的质量将影响整个系统的质量,因为影响系统噪声的最大因素是系统中第一级的输出信号信噪比的情况。

摄像部分主要由摄像机、镜头、云台、防护罩、解码器、安装支架等组成。

(1) 摄像机

严格来说,摄像机是摄像头和镜头的总称,而实际上,摄像头与镜头大部分是分开购买的,用户根据目标物体的大小和摄像头与物体的距离,通过计算得到镜头的焦距,所以每个用户需要的镜头都是依据实际情况而定的。

无论何种摄像机,都要用 CCD 芯片进行光电转换,CCD 芯片是"电耦合"器件。其工作方式是被摄物体反射光线,传播到镜头,经镜头聚焦到 CCD 芯片上,CCD 芯片根据光的强弱积聚相应的电荷经周期性放电,产生表示一幅幅画面的电信号,经过滤波、放大处理,通过摄像头输出端子输出一个标准的复合视频信号。

CCD 芯片是摄像头的核心。目前,我国尚无制造 CCD 芯片的能力。市场上大部分摄像头采用的是日本 SONY、SHARP、松下、LG 等公司生产的芯片,现在韩国也有能力生产,但质量就要稍逊一筹。

因 CCD 芯片采集效果大不相同,在购买时可以采取如下方法检测:接通电源,连接视频电缆到主视器关闭镜头光圈,看图像全黑时是否有亮点,屏幕上雪花大不大,这些是检测 CCD 芯片最简单直接的方法。然后,可以打开光圈,看一个静物,如果是彩色摄像头,摄取一个色彩鲜艳的物体,查看监视器上的图像是否偏色、扭曲、色彩或灰度是否平滑。好的 CCD 芯片可以很好地还原景物的色彩,使物体看起来清晰、自然。CCD 尺寸指的是 CCD 图像传感器感光面的对角线尺寸,常见的规格为 1/3 英寸(1 英寸≈2.54 厘米)、1/2 (1 英寸≈2.54 厘米)、2/3 (1 英寸≈2.54 厘米)等。近年来用于视频监控的摄像机的 CCD 尺寸以英寸规格为主流。

(2) 镜头

镜头与摄像机联合使用,可以将远距离目标成像在摄像机的 CCD 靶面上,对系统的性能影响较大。镜头分类见表 9-19。

表 9-19 镜头分类

分类方式	类型
外形功能	球面镜头、非球面镜头、针孔镜头、鱼眼镜头
光圈	自动光圈镜头、手动光圈镜头、固定光圈镜头
变焦类型	电动变焦镜头、手动变焦镜头、固定焦距镜头
尺寸大小	1英寸镜头、1/2英寸镜头、1/3英寸镜头、2/3英寸镜头
焦距长短	长焦距镜头、标准镜头、广角镜头

在目前的视频监视系统中，常用的镜头种类有手动/自动光圈定焦镜头和自动光圈定/变焦镜头，自动变焦镜头常用视频驱动和直流驱动两种驱动方式。在设计具体的工程项目时，要根据实际的环境照度和距离远近来确定镜头的种类，一般镜头的规格不应小于摄像机的规格。

（3）云台

如果一个监视点上所要监视的环境范围较大，则在摄像部分中必须设置云台。云台是承载摄像机进行水平和垂直两个方向转动的装置，内装有两个电动机。水平转动的角度一般为350°，垂直转动则有±45°、±35°、±75°等。水平及垂直转动的角度大小可通过限位开关进行调整。云台的选择通常根据旋转角度和速度来确定。云台大致分为室内用云台及室外用云台。室内用云台承重小，没有防雨装置。室外用云台承重大，有防雨装置，有些高档的室外云台除有防雨装置外，还有防冻加温装置。

（4）防护罩

防护罩是使摄像机在有灰尘、雨水、高低温等情况下正常使用的防护装置。防护罩分为两类：一类是室内用防护罩，这种防护罩结构简单、价格便宜，其主要功能是防止摄像机落尘并有一定的安全防护作用；另一类是室外防护罩，为全天候防护罩，有降温加温、防雨、防雪等功能，适合各种恶劣情况，尤其是在玻璃窗前安装可控制的雨刷则更能适应雨雪天气。

目前，较好的全天候防护罩是采用半导体器件加温和降温的防护罩。这种防护罩内装有半导体元件既可自动加温，也可自动降温，并且功耗较小。

（5）解码器

解码器属于前端设备，其作用是对专用数据电缆接收的来自控制主机的控制码进行解码、放大输出、驱动云台的旋转以及变焦镜头的变焦与聚焦的动作。它一般安装在配有云台及电动镜头的摄像机附近。解码器端通过多芯控制电缆直接与云台及电动镜头连接，另一端通过通信线缆（通常为两芯护套线或两芯屏蔽线）与监控室内的系统主机相连。在摄像机离控制中心很近的情况下，为节省开支也可采用由控制台直接送出控制动作的命令信号，即"开""关"信号。

通常，解码器对云台的驱动电压为24VAC，对镜头的驱动电压为±7～±12VDC。在选择解码器时，除应考虑解码器与其所配套的云台、镜头的技术参数是否匹配外，还要考虑解码器要求的工作环境。

2. 传输部分

传输部分就是系统的图像信号通路，即所有要传输的信号形成的传输系统的总和。一方面，摄像机、监听头、报警探测器等捕获的图像信号、音频信号、感应控制信号要传送到控制中心；而另一方面，要将控制中心的各种控制指令传送到多功能解码器等受控对象，故传输系统应该是双向传输的。为保证各种信号经过传输系统后，不产生明显的噪声、失真，这就要求传输系统在衰减、引入噪声、幅频特性和相频特性等方面具有良好的性能。

（1）传输方式

在传输方式上，目前视频监控系统大多采用视频基带传输方式。在摄像机距离控制中心较远的情况下，也可采用射频传输方式或光纤传输方式。不同的传输方式，所使用的传输部件及传输线路都有很大的差异。

（2）传输介质

通常情况下，传输系统采用多种传输介质来传输不同类型的信号。摄像机输出的视频信号采用同轴电缆连接。常用的视频同轴电缆为75Ω的同轴电缆，型号为SYV-75-3和SYV-75-5。它们对视频信号的无中继传输距离一般为300～500m，当传输距离更长时，可相应选用SYV-75-7、SYV-75-9或SYV-75-12的粗同轴电缆（在实际工程中，粗缆的无中继传输距离在1km以上）；如果传输距离更远，则可考虑使用视频放大器。

音频、通信及控制信号的传输通常不采用同轴电缆，其中监听头输出的音频信号采用2芯屏蔽线连接。报警探测器输出的是开路或短路的开关量信号，可通过普通（非屏蔽）2芯线连接。在电磁干扰不强的环境中，也可选用4对非屏蔽双绞线作为音频和通信的电缆。由中心控制主机发出的控制指令则通过10芯屏蔽双绞线与前端解码器连接。

3. 控制部分

闭路视频监控系统的控制设备一般放置在监控室内，控制设备主要包括视频短阵切换主机、视频分配器、视频放大器、视频切换器、多画面分割器、时滞录像机、控制键盘和控制台等。

（1）视频矩阵切换主机

视频矩阵切换主机的主要技术指标为主机的容量，它指的是输入与输出的视频信号的数量。视频矩阵切换器一般有4路、8路或32路，甚至更多的视频输入接口，使用BNC插头或复合视频接口。由于视频矩阵切换器可将多种信号源选择两种或两种以上输出给不同的显示设备，因此视频矩阵切换器是多输入接口和多输出接口的。它的接口方式更多，如RS-232接口、串口、RCA接口、9针COM连接口等。视频矩阵切换器一般有面板手动控制、RS-232控制、遥控键盘（选装）等控制方式。

（2）视频分配器和视频放大器

视频分配器用于将一路视频信号变换出多路信号，输送到多个显示与控制设备。当摄像机距离控制室超过300m时，因视频信号输出的损失和高频衰减，可能响到输出图像的质量，所以此时需要增加视频放大器，通过视频放大器对传输的视频信号进行放大，使得传输距离更远。

（3）视频切换器和多画面分割器

视频切换器用于视频切换。多路视频信号进入视频切换器后，通过切换器的切换输出，便能达到用少量的监视器去监视多个监控点的目的。

多画面分割器可实现在一台监视器上同时连续地显示多个监控点的图像画面。目前，常用的多画面分割器有4、9和16画面分割器。通过多画面分割器，可用一台录像机同时录制多路视频信号，回放时还能选择任意一幅画面在监视器上全屏放映。

（4）时滞录像机

视频控制系统的录像机可以同时录制前端系统传输的视频和音频信号，用于24h对监视系统录像或报警录像。硬盘录像机则可将图像信号转换为数据信号后存入硬盘；时滞录像机的主要功能是可以用180min的普通录像带，录制长达12h、24h、48h，甚至更长时间的视频信息。利用这种功能可以为视频监控系统的图像记录提供减少录像带的保存数量、重放时节省观看时间等有利条件。

一般来说，时滞录像机在进行长时间录像时，录制后的重放画面会产生一定程度的不连续感，其重放画面的清晰度也不如正常速度录制后的重放画面高。但尽管如此，由于在闭路监控系统中，在非报警的情况下，一般没有必要实时录像，而且一般的长时间录像机在24h方式的长时间录像中，丢帧的比例并不大，所以，时滞录像机还是能满足要求的。

（5）控制键盘和控制台

控制键盘是监控人员控制视频监控设备的平台，通过它可以切换视频、遥控摄像机的云台转动或镜头变焦等，它还具有对监控设备进行参数设置和编程等功能。

每个视频监控系统都安装有控制台，可以在控制台上安装控制键盘、录像机、小型主监视器等设备，以方便对设备进行集中管理。

4. 显示部分

显示部分一般由几台或多台监视器（或带视频输入的普通电视机）组成。它的功能是将传送过来的图像显示出来。电视监视系统，特别是由多台摄像机组成的视频监控系统，一般都不是用一台监视器对应一台摄像机进行显示的，而是将几台摄像机的图像信号用一台监视器轮流切换显示的。在一般的系统中，通常都采用的摄像机对监视器的比例数为4：1、8：1、16：1。

用画面分割器把几台摄像机送来的图像信号同时显示在一台监视器上，也就是在一台较大屏幕的监视器上，把屏幕分成几个面积相等的小画面，每个画面显示一个摄像机送来的画面。这样，可以大大节省监视器，并且操作人员观看起来也比较方便。但是，这种方案不宜在一台监视器上同时显示太多的分割画面，否则会使某些细节难以看清楚，以致影响监控的效果。

为了节省开支，监视器可采用有视频输入端子的普通电视机，而不必采用造价较高的专用监视器。监视器（或电视机）的屏幕尺寸宜采用 14～18 英寸之间的，若用两面分割器，则可选用较大屏幕的监视器。监视器的选择，应满足系统总的功能和总的技术指标的要求，特别是应满足长时间连续工作的要求。

放置监视器的位置应适合操作者观看的距离、角度和高度，一般是在总控制台的后方设置专用的监视架子，并把监视器摆放在架子上。

（二）视频监控系统的种类

从应用场合来说，视频监控系统可分为小型、中型、大型系统。从组织形式来说，中小型系统又可分为简单的定点监控系统、简单的全方位监控系统、低成本全方位监控系统、具有小型主机的监控系统和具有声音监听的监控系统；而大中型系统，则以多主机多级视频监控系统为主。

1. 中小型视频监控系统

通常的视频监控系统规模都不大，功能也相对简单，但其适用的范围非常广。所监视的对象也不仅仅限于人们想到的人、商品、货物或车辆，有些应用系统还涉及对诸如天然气罐等的监视，另外有些应用系统则需要对工厂的烟囱及排污管道进行监视。视频监控系统既可以自成体系，也可以与防盗报警系统或出入口控制系统组合，构成综合保安监控系统。一般来说，典型中小型视频监控系统的摄像监视点数不超过32点,造价大都在几万元到几十万元之间。

(1) 简单的定点监控系统

简单的定点监控系统只在监视现场安置定焦镜头摄像机,通过同轴电缆将视频信号传输到监控室内的监视器,若再配置一台录像机,还可以把监视的画面记录下来,以供日后检索查证。

这种简单的定点监控系统适用于多种应用场合。当摄像机的数量较多时,可通过多路切换器、画面分割器或系统主机进行监视。

(2) 简单的全方位监控系统

全方位监控系统是将前述定点监控系统中的定焦镜头换成电动变焦镜头,并增加可上下、左右运动的全方位云台(云台内部有两个电动机)。全方位监控系使每个监视点的摄像机可以进行上下、左右的扫视,其所配镜头的焦距也可在一定范围内变化(监视场景可拉远或推进)。很显然,云台及电动镜头的动作需要由控制室的控制器或与系统主机配合的解码器来控制。

最简单的全方位监控系统是在定点监控系统前端增加了一个全方位云台及电动变焦镜头,在控制室增加了一台控制器;另外,从前端到控制室还需要多布设一条多芯(10芯或12芯)控制电缆。

(3) 低成本全方位监控系统

在低成本全方位监控系统中,用分控键盘替代云台镜头控制器,这样系统的连接线就显得比较简单;有的还能遥控控制切换器及画面分割器;切换器还有报警功能,当有报警时,能自动地把报警的现场摄像机切换出来并记录;在成本方面,要低于使用系统主机/矩阵切换器的系统。

(4) 具有小型主机的监控系统

当监控系统中的全方位摄像机数量达到三四台以上时,就可考虑使用小型系统主机。

虽然用多台单路控制器或一台多路控制器也可以实现全方位摄像机的控制,但所需的控制线缆数量较多(每一路至少要一根10芯电缆),且线缆过长,整个系统也会显得凌乱。

一般来说,使用系统主机会增加整个监控系统的造价,但从布线考虑,各解码器与系统主机之间是采用总线方式连接的,因此系统中线缆的数量不多(只需要一根2芯通信电缆)。另外,集成式系统主机大都有报警探测器接口,可以方便地将防盗报警系统与视频监控系统整合于一体。当有探测器报警时，该主机还可自动地将主监视器画面切换到发生警情现场摄像机所拍摄的画面。

(5) 具有声音监听的监控系统

视频监控系统中还常常需要对现场声音进行监听，由此整个视频监控系统的结构就由图像和声音两个部分组成。由于增加了声音信号的采集及传输，从某种意义上说，系统的规模相当于比纯定点图像监控系统增加了一倍；而且在传输过程中，还应保证图像与声音信号的同步。

对于简单的一对结构（摄像机—录像机—监视器），只要增加监听头及音频传输线，即可将视音频信号一同显示、监听并记录。对于切换监控系统而言，则需要配置视音频同步切换器，它可以从多路输入的视音频信号中切换并输出已选中的视频及对应的音频信号。

2. 大中型视频监控系统

大中型视频监控系统的特点如下：①系统规模大，如前端摄像机构成的监控点的数量多，而汇集在中心控制室的视音频信号多，需要多种视音频设备进行组合，有的还需要多个分控制中心（或分控点），其还常常与防盗报警系统集成为一体，因此中心控制室设备多，系统相对庞大；②系统的复杂程度高、作业难度大、传输条件恶劣，使得十几个点的监控系统比普通超市或写字楼中的几十个甚至上百个点的监控系统的施工与调试还难。

一般视频监控系统只有一台主机，即使是大中型系统，也不外乎是增加摄像机的数量和增加分控系统的数量。但若用户要求在其每一个相对独立的区域都安装一套视频监控系统，各区域内有独立的监控室，而整个大区域还要建立一个大型监控系统，这种单台主机加若干台分控器的实现方法是不能满足用户需要的，这就提出了由各区域的多台主机共同组成大型视频监控系统的要求，即多主机多级视频监控系统。

由于各主机的内部结构和工作原理是一样的，因此相对于普通的矩阵主机来说，这种多主机系统的各个主机都增加了地址标识码，可被上一级主机选调，各摄像机的图像则经过二级或三级切换被选调到主中心控制室的监视器上。

(三) 视频监控系统的选材

1. 视频监控系统主要部件的选型

①镜头的成像尺寸应与摄像机 CCD 靶面尺寸相一致。

②镜头的分辨率主要是空间分辨率，以每毫米能够分辨的黑白条纹数为计量单位。其计算公式为

镜头分辨率 $N=180/$ 画幅格式的高度

③光圈或通光量。其以镜头的焦距和通光孔径的比值来衡量，以 F 为标记，每个镜头上均标有其最大的 F 值，通光量与 F 值的平方成反比关系，F 值越小，则光圈越大，故应根据被监控部分的光线变化程度来选择手动光圈镜头或自动光圈镜头。

④对于镜头焦距与视野角度，应首先根据摄像机到被监控目标的距离，选择镜头的焦距，镜头焦距确定后，则由摄像机靶面决定视野。

此外，还可根据不同的应用场合来选择合适的镜头。

手动光圈镜头是最简单的镜头，适用于光照条件相对稳定的条件下，手动光圈由数片金属薄片构成，旋转环可使光圈收小或放大。在照明条件变化大的环境中或不是用来监视某个固定目标时，应采用自动光圈镜头。手动光圈镜头和自动光圈镜头又有定焦距（光圈）镜头、变焦距镜头和电动变焦距镜头之分。

定焦距镜头一般与电子快门摄像机配套，适用于室内监视某个固定目标的场所。定焦距镜头一般又分为长焦距镜头、中焦距镜头和短焦距镜头。中焦距镜头是焦距与成像尺寸相近的镜头。焦距小于成像尺寸的称为短焦距镜头，亦称广角镜头，该镜头的焦距通常是 28mm 以下的镜头，短焦距镜头主要用于环境照明条件差、监视范围要求宽的场合。焦距大于成像尺寸的称为长焦距镜头，亦称望远镜头，这类镜头的焦距，一般在 150mm 以上，主要用于监视较远处的景物。

电动变焦距镜头可与任何 CCD 摄像机配套，在各种光线下均可使用，变焦距镜头通过遥控装置来进行光对焦、光圈开度、改变焦距大小，特别用于被监视表面亮度变化大、范围较大的场所。为了避免引起光晕现象和烧坏靶面，一般都配自动光圈镜头。

2．视频监控系统传输线缆的选型

（1）传输方式的选择

传输方式选择的主要依据是传输距离、地理条件、摄像机数量及分布情况。

①近距离范围内，可用视频同轴电缆传输方式。

②中、大型系统的主干线，既可采用光缆传输，也可选用射频同轴电缆传输。

③距离太远，不便敷设线缆时，可采用其他传输方式。

（2）线缆选型

在满足衰减、弯曲、屏蔽、防潮等性能要求的前提下，宜选用线径较细、易施工的线缆。

①同轴电缆。若图像信号是基带传输,则用视频电缆;若图像信号是射频传输,则用射频电缆。据电缆敷设方式及使用环境(气候、干扰源等)来选用电缆防护层。当距离较短时(终端机房设备间的连接线),可用外导体内径为 3mm 或 5mm,且有密织铜网外导体的同轴电缆。当室内距离不超过 500m 时,可用外导体内径为 7mm 的同轴电缆及防火的聚氯乙烯外套。室外可选用外导体内径为 9mm 的同轴电缆,并用防水的聚乙烯作为外套。

②光缆。光缆传输模式依传输距离而定,长距离用单模,短距离则用多模。光缆芯数据监视点个数、分布情况而定,要留有余量。据光缆敷设方式及使用环境来选用光缆防护层。光缆结构、弯曲半径、抗拉力等参数应满足施工要求。

(四)视频监控系统的布线

施工现场必须设一名现场工程师指导施工,并且协同建设单位做好隐蔽工程的检测与验收。

视频监控系统线缆敷设施工前,应具备下列图纸资料,包括系统原理及系统连线图、设备安装要求及安装图、中心控制室的设计及设备布置图、管线要求及线缆敷设图。视频监控系统施工应按设计图纸进行,不得随意更改。确实要更改原图纸时,应填写变更表并按程序进行审批,审批文件(通知单等)经双方授权人签字,方可实施。当视频监控系统工程竣工时,施工单位应提交的图纸资料包括施工前所接的全部图纸资料、工程竣工图及设计更改文件。

室内布线时,在新建建筑或有装修要求的建筑物内,宜采用暗管敷设方式,对无装修要求的可用线卡明敷方式。室外布线时,若有可利用的管道,则用管道敷设方式;若监视点位置和数量较稳定,则用直埋电缆敷设方式;若有建筑物可利用,则用墙壁固定敷设方式;若有可利用的电线杆,则用架空敷设方式。

四、视频监控系统的测试

(一)视频监控系统测试的内容

1. 电源检测

①接通控制台总电源开关,检测交流电源电压。
②检查稳压电源上电压表读数。
③合上分电源开关,监测各输出端电压、直流输出极性等。
④确认无误后,给每一回路通电。

2. 线路检查

检查各种接线是否正确。用兆欧表对控制电源电缆进行测量,保证线芯间、线芯与地间绝缘电阻符合要求。

3. 接地电阻测量

监控系统中的金属管、电缆桥架、金属线槽、配线钢管和各种设备的金属外壳均应与地连接,以保证可靠的电气通路。系统接地电阻应小于 4Ω。

(二) 视频监控系统的测试

视频安防系统无论采取何种技术,其拓扑结构可大致分为三大部分:现场摄像头、信号/供电线缆和监控中心设备(用于实现监视、存储、管理、控制等功能)。当系统出现故障时,同样遵循"20/80"准则,即20%的问题在软件,80%的问题在硬件。

1. "硬故障"的测试

根据系统的基本拓扑结构可知,其中任意环节出现问题,都会导致失去监控图像。因此,首先应该排查摄像头、中间线缆和监视器本身的硬件是否出现故障。

(1) 检查摄像头

摄像头的成像与聚焦质量是其关键指标,最简单的检查方法是用一台小电视,接到摄像头的视频输出端观察,图像满足要求,则证明问题不在摄像头内。

另外,视颜监控用摄像头一般与云台集成在一起,并具有变焦功能。检查其功能需进行 PTZ 测试,这需要专门的指令以支持相应的动作协议。显然,若在现场进行 PTZ 测试则需要便携计算机。

(2) 检查通信线缆

现场的视频信号和 PTZ 控制信号是通过相应的电缆传到监控中心设备或反方向传给现场摄像头的。如果在现场能确认摄像头无故障,下一步就要排查线缆的问题。最简单的办法是测量信号线的导通性,普通万用表就可以完成此任务,同时,用万用表还可检查摄像头的供电是否满足要求。

现在,监控系统正由模拟信号系统向数字信号系统转变,视频信号与控制信号都将在数据线缆上传输。在这种情况下,传输线缆还要满足以太网物理层端接要求,而不只单单满足导通即可实现正常通信。因此,当监测数字监控系统时,还需必要的查线仪表。

(3) 监视器终端的检查

如果前两个环节均无异常，而监视器上仍无图像，则须检查问题是否在监视器本身。接入标准视频彩条信号是检查监视器性能最快捷的方法。需要注意的是，视频信号有 NTSC 制和 PAL 制之分，如果监视器没有自动识别功能，则须手动设置，才能与系统或信号发生器信号相匹配。

2."软故障"的测试

相对于图像完全消失的"硬故障"来说，图像模糊扭曲，受干扰等"软故障"更难排查。对于"软故障"须借助检测视频信号的仪表，通过测量视频信号电平和同步电平值来判断问题所在。

摄像头类型不同，视频与同步信号电平计量单位也不同。北美使用的 NTSC 制用 IRE 作为测量单位，PAL 制用毫伏（mV）作测量单位。

视频信号电平过低会导致图像暗淡，降低动态范围；电平过高会导致虚影，降低清晰度。同步电平过低会导致图像断裂或滚动；电平过高会降低图像色彩层次和动态范围。当安装多个摄像头时，如果视频与同步信号不同，在同一监视器上切换时，就会出现明显的图像质量差异。电平值超出允许范围，会导致操作人员眼睛疲劳。

对于带现场拾音器的摄像头，还有必要对音频信号电平进行检测，至少以柱形图形式指示电平大小或通过扬声器播放，以验证其是否正常。

除使用单一功能仪器进行检测外，还可使用集成功能的仪器，如理想的 Aftest-qx 是一款多功能监控设备测试仪器，是监控工程施工人员和监控产品调试人员的必备工具和得力助手。Aftest-qx 安防系统测试仪集摄像头视频测试、PTZ 控制、PTZ 控制协议分析、数据电缆测试、视频彩条发生器、数字万用表、视频信号电平测量功能 7 项功能于一身，而体积只相当于一台普通数字万用表，且采用锂聚合物电池，携带极为方便。

(三) 视频监控系统的线路故障与修复

视频监控系统进入调试阶段、试运行阶段以及交付使用后可能会出现各种故障现象，如不能正常运行，系统达不到设计要求的技术指标，或是整体性能和质量不理想等。为尽量避免这些问题，首先应该避免线路质量或线路施工不规范带来的问题。视频监控的传输系统以视频传输为主。下面列举一些常见的线路产生的故障，供读者作为参考，并找到对应的解决方案。

1.线路不正确引发的设备故障

由于某些与设备相接的线路处理不好，产生断路、短路、线间绝缘不良、误接线等而导致设备或部件损坏、性能下降或设备本身并未因此损坏，但反映出的现象是出在设备或部件身上的。

2. 电源的不正确引发的设备故障

例如，供电线路或供电电压不正确、功率不够（或某一路供电线路的线径不够、降压过大等）、供电系统的传输线路出现短路、断路、瞬间过压等，特别是因供电错误或瞬间过压导致设备损坏的情况时有发生。

由于某些设备的连线有很多条，接插件的质量不良、连线的工艺不好，更是出现上述问题的常见原因。在这种情况下，应根据故障现象进行分析，判断在若干条线路上由于哪些线路才可能导致此种故障现象，缩小出现问题的范围。

3. 监视器的画面上出现了一条黑杠或白杠，并且向上或向下慢慢滚动

这种现象大多是由系统产生了地环路而引入了50MHz的工频干扰所造成的，也可能由于摄像机或控制主机的矩阵切换器的电源性能不良或局部损坏，也会出现这种故障现象。

4. 线路问题引起监视器上出现木纹状的干扰

这种干扰的出现，轻微时不会淹没正常图像，而严重时图像就无法观看。这种故障现象产生的原因较多也较复杂，大致有如下几种原因。

①视频传输线的质量不好，如屏蔽网不是质量很好的铜线网或过于稀疏而起不到屏蔽作用，导致的屏蔽性能差或者视频线的电阻过大，因而造成信号产生较大衰减；或者视频线的特性阻抗不是75Ω以及分布参数超出规定都是产生故障的原因之一。

②由于供电系统的电源不"洁净"而引起该故障，即在正常的电源（50MHz的正弦波）上叠加干扰信号。

③系统附近有很强的干扰源。这可以通过调查和了解而加以判断。如果属于这种原因，解决的办法是加强摄像机的屏蔽以及对视频电缆线的管道进行接地处理等。

5. 由于视频电缆线的芯线与屏蔽网短路、断路造成的故障

这种故障的表现形式是在监视器上产生较深、较乱的大面积网纹干扰，使图像全部被破坏，而不能形成图像和同步信号。

6. 由于传输线的特性阻抗不匹配引起的故障现象

这种现象的表现形式是在监视器的画面上产生若干条间距相等的竖条干

扰，干扰信号的频率基本上是行频的整数倍。

7. 由于传输线引入的空间辐射干扰

这种干扰现象的产生多半是因为在传输系统、系统前端或中心控制室附近有较强的、频率较高的空间辐射源。

8. 线路引起通信不良故障

这种故障表现为受控的云台或电动镜头有时正常动作，有时延迟动作，或动作之后停不住，其主要原因是通信线路有问题，也可能是接触不良等问题。

9.10 智能楼宇布线的综合技能训练

【任务目标】

能完成建筑物内布线工程的图纸分析、领料、布线环境准备、管槽安装、线缆敷设、设备安装、线缆端接、测试、验收等一系列项目，并提交工程竣工相关文档。

【任务内容】

各组根据工程施工图纸所示，在模拟实训环境下完成模拟楼宇综合布线系统的领料、布线环境准备、管槽安装、线缆敷设、设备安装、线缆端接、测试、验收等一系列的工程项目，并提交工程竣工相关文档。

具体要求如下：

①根据任务给出计划和材料工具清单；

②验收的工程竣工文档齐全、格式规范、内容正确；

③接地和电气保护安装到位、操作规范；

④水平和垂直子系统的管槽安装线缆敷设、设备安装线缆端接方法正确、操作规范；

⑤测试各线缆为连通（特别是大对数双绞线）；

⑥建筑物布线工程验收项目罗列清晰、检查仔细、评价公正。

智能楼宇布线范围涵盖了综合布线系统的六大子系统，应该明确各子系统的范围和关系。

一、设备间布线

设备间子系统的硬件和管理间子系统的硬件大致相同，基本是由光纤、铜线电缆、配线架，跳线构成的，只不过规模比管理间子系统要大得多。

(一) 设备间布线

在设备间（机房）内的布线宜采用地板或墙面内、沟槽内敷设，预埋管路敷设，机架走线架敷设和活动地板下的敷设方式。活动地板下的敷设方式在房屋建筑建成后装设。正常活动地板高度为300～500mm，简易活动地板高度为60～200mm。

在设备间内，当设有多条平行的桥架和线槽时，相邻的桥架和线槽之间应有一定间距，平行的线槽或桥架其安装的水平度偏差每米应不超过2mm。所有桥架和线槽的表面涂料层应完整无损，如需补涂油漆时，其颜色应与原漆色基本一致。

机柜、机架设备和线缆屏蔽层以及金属管和线槽应就近接地，并保持良好的连接。当利用桥架和线槽构成接地回路时，桥架和线槽应有可靠的接地装置。

(二) 接地

设备间设备安装过程中必须考虑设备的接地。根据综合布线相关规范要求，接地要求如下。

①直流工作接地电阻一般要求不大于4Ω，交流工作接地电阻也不应大于4Ω，防雷保护接地电阻不应大于1Ω。

②建筑物内部应设有一套网状接地网络，以保证所有设备共同的参考等电位。如果综合布线系统单独设置接地系统，且能保证与其他接地系统之间有足够的距离，则接地电阻值规定为小于或等于4Ω。

③为了获得良好的接地，推荐采用联合接地方式。所谓联合接地方式，就是将防雷接地、交流工作接地、直流工作接地等统接到共用的接地装置上。当综合布线采用联合接地系统时，通常利用建筑钢筋作防雷接地引下线，而接地体一般利用建筑物基础内钢筋网作为自然接地体，使整幢建筑的接地系统组成一个笼式的均压整体。联合接地电阻要求小于或等于1Ω。

④接地所使用的铜线电缆规格与接地的距离有直接关系，一般接地距离在30m以内，接地导线采用直径为4mm的带绝缘套的多股铜线缆。接地铜缆电缆规格与接地距离的关系见表9-20。

表9-20 接地铜线电缆规格与接地距离的关系

接地距离（m）	接地导线直径（mm）	接地导线截面积（mm^2）
小于30	4.0	12
30～48	4.5	16
48～76	5.6	25

续表

接地距离（m）	接地导线直径（mm）	接地导线截面积（mm^2）
76～106	6.2	30
106～122	6.7	35
122～150	8.0	50
151～300	9.8	75

（三）防雷

1.防雷基本原理

所谓雷击防护，就是通过合理有效的手段将雷电流的能量尽可能地引入大地，以防止其进入被保护的电子设备。防雷是疏导，而不是堵雷或消雷。

国际电工委员会的分区防雷理论：外部和内部的雷电保护已采用面向EMC的雷电保护新概念。雷电保护区域的划分是采用标识数字0～3。0A保护区域是直接受到雷击的地方，由这里辐射出未衰减的雷击电磁场；其次的0B区域是没有直接受到雷击，但却处于强的电磁场；保护区域1已位于建筑物内，直接在外墙的屏蔽措施之后，如混凝土立面的钢护板后面，此处的电磁场要弱得多（一般为30dB）；在保护区域2中的终端电器可采用集中保护，如通过保护共用线路而大大减弱电磁场；保护区域3是电子设备或装置内部需要保护的范围。

根据国际电工委员会的最新防雷理论，外部和内部的雷电保护已采用面向电磁兼容性（EMC）的雷电保护新概念。感应雷的防护，已经同直击雷的防护同等重要。

感应雷的防护就是在被保护设备前端并联一个参数匹配的防雷器。在雷电流的冲击下，防雷器在极短时间内与地网形成通路，使雷电流在到达设备之前，通过防雷器和地网泄放入地。当雷电流脉冲泄放完成后，防雷器自动恢复为正常高阻状态，使被保护设备继续工作。

直击雷的防护已经是一个很早就被重视的问题。现在的直击雷防护基本采用有效的避雷针、避雷带或避雷网作为接闪器，通过引下线使直击雷能量泻入大地。

2.防雷设计

依据《建筑物防雷设计规范》（GB50057—2010）第六章第6.3.4条、第6.4.5条，第6.4.7条及《计算机信息系统实体安全技术要求》（GA371—2001）中的有关规定，对计算机网络中心设备间电源系统采用三级防雷设计。

第一、二级电源防雷：防止从室外窜入的雷电过电压，防止开关操作过电压、感应过电压、反射波效应过电压。一般在设备间总配电处，选用电源防雷器分别在 L-N，N-PE 间进行保护，可最大限度地确保被保护对象不因雷击而损坏，从而更大限度地保护设备安全。

第三级电源防雷：防止开关操作过电压、感应过电压。主要考虑到设备间的重要设备（服务器交换机、路由器等）多，必须在其前端安装电源防雷器。

（四）防静电

为了防止静电带来的危害，更好地保护机房设备，并更好地利用布线空间，应在中央机房等关键的房间内安装高架防静电地板。

防静电地板有钢结构和木结构两大类，其要求是既能提供防火、防水和防静电功能，又要轻薄，并具有较高的强度和适应性，且有微孔通风。防静电地板下面或防静电吊顶板上面的通风道应留有足够余地，以作为机房敷设线槽、线缆的空间，这样既保护了大量线槽、线缆，便于施工，同时也使机房整洁美观。

在设备间装修铺设抗静电地板时，应同时安装静电泄漏系统。此外，应铺设静电泄漏地网，通过将静电泄漏干线和机房安全保护地的接地端子封在一起．将静电泄漏掉。

中央机房、设备间的高架防静电地板的安装注意事项如下。

①清洁地面。用水冲洗或拖湿地面，必须等到地面完全干了以后才可施工。

②画地板网格线和线缆管槽路径标识线，这是确保地板横平竖直的必要步骤。先将每个支架的位置正确标注在地面坐标上，之后应当马上将地板下面集中的大量线槽线缆的出口、安放方向、距离等一同标注在地面上，并准确地画出定位螺丝的孔位，而不能急于安放支架。

③敷设线槽线缆。先敷设防静电地板下面的线槽，这些线槽都是金属可锁闭和开启的，因而这一工序是将线槽位置全面固定，并同时安装接地引线，然后布放线缆。

④支架及线槽系统的接地保护。这一工序对于网络系统的安全至关重要。特别注意，连接在地板支架上的接地铜带，是作为防静电地板的接地保护。另外，一定要等到所有支架安放完成后再统一校准支架高度。

二、大对数双绞线布线系统的测试

在综合布线系统的干线子系统中，大对数电缆经常用作数据和语音的主干电缆，其线对数量比 4 对双绞线电缆要多，如 25 对、100 对、300 对等。

对于常用的 25 对线大对数电缆可以采用如下两种方法进行测试。

①用 25 对线测试仪进行测试；

②分组用 4 对双绞线测试仪测试。

采用 25 对线测试仪进行测试，这种方法效率较高。TEXT-ALL25 是一个自动化的测试系统，可在无源电缆上完成测试任务，并可同时测 25 对线的连续性、短路、开路，交叉、有故障的终端、外来的电磁干扰和接地中出现的问题。

要测试一根 25 对线的大对数电缆，首先在大对数电缆两端各接一个 TEXT-ALL25 测试器，由这两个测试器之间形成一条通信链路；然后，分别启动测试器，由这两个测试器共同完成测试工作。

使用 TEXT-ALL25 测试仪进行大对数电缆测试过程中，主要有下列测试程序。

①自检。把要测试的大对数电缆连接到测试仪插座上，打开 TEXT-ALL25 测试仪电源开关。测试仪自动完成自检程序，以保证整个系统测试精确。若 MASTER 闪光并在屏幕右边显示数字，则表示该测试器已经准备好，可以使用。

②通信。一旦自检程序完成之后，保证该测试仪已经连到一个电路上，并着手进行与远端通信。通信链路总是被测电缆中的第一个电缆对。当通信链路已经成功建立后，MASTER 照亮在第一个测试仪的显示窗口上，而 REMOTE 照亮在远端的第二个测试仪上。在使用另一个测试仪不能正常通信的情况下，MASTER 闪烁，指示不能通信，要进行再次尝试，TEST 按钮必须再次压入。

③电源故障测试。TEXT-ALL25 完成电源故障测试时，能检查通交流或直流电的所有 50 根导线。如果所测电压（交流或直流）等于或高于 15V，该电压在两端测试仪的显示屏上照亮后显示出来，并终止测试程序，可重新测试，再次确认电源故障。

④接地故障测试。屏幕显示 GROUNDFAULT，表示正在进行接地测试。该测试表示在两端的测试仪上连接一根外部接地导线。首先测试地线的连续性，保证地线连接正确，包括地线是否已连到两个测试仪上等。已接地的导线用 TEXT-ALL25 测试仪完成端到端的地线性能测试时，若测试参考值为 75kW 或小于地线与导线之间的阻值，均被认为存在接地故障。

⑤连续性测试。该程序完成的是端到端线对的测试，能完成短路、开路、反接、交叉等情况的测试。当所有测试令人满意地完成而且测试过程中没有发现任何故障时，屏幕上将出现照亮的 TESTOK。

⑥大对数线的测试也可以用测试4对双绞线电缆的测试仪来分组测试,每4对线作为一组,当测到第25对时,向前错位3对线。这种测试方法也是较为常用的。

三、综合布线系统工程的验收

(一) 验收依据

工程验收依据的原则如下。

综合布线系统工程应按《大楼通信综合布线系统 第1部分:总规范》(YD/T926.1—2009)中规定的链路性能要求进行验收。

工程竣工验收项目的内容和方法,应按《综合布线系统工程验收规范》(GB/T50312—2016)中的规定执行。

综合布线系统线缆链路的电气性能验收测试,应按《综合布线系统电气特性通用测试方法》(YD/T1013—2013)中的规定进行。

综合布线系统工程的验收,除应符合上述规范外,还应符合我国现行的《本地网通信线路工程验收规范》(YD5051—1997)和《通信管道工程施工及验收规范》(GB50374—2006)中相关的规定。

在综合布线系统的施工和验收中,如遇到上述各种规范未包括的技术标准和技术要求,为了保证验收,可按有关设计规范和设计文件的要求执行。

由于综合布线系统工程中尚有不少技术问题需要进一步研究,且有些标准内容尚未完善健全,因此前面所述的标准目前是有效的,但随着综合布线系统技术的发展,有些将会被修订或补充,所以,在工程验收时,应密切注意当时有关部门有无发布临时规定,以便结合工程实际情况进行验收。

(二) 验收项目

工程验收检查工作是由施工方、监理方、用户方三方一起进行的,根据检查出的问题可以立即制定整改措施。对于验收检查已基本符合要求的,可以提出下一步竣工验收的时间。

1. 需在施工前检查的内容

虽然施工前检查不是工程验收的内容,但其直接关系到工程施工质量。

(1) 施工环境和条件的检查

①建筑施工情况,墙面、地面、门窗、接地装置是否满足要求。

②机房面积、预留孔洞、管槽、电缆竖井(包括交接间)是否齐全。

③用电源是否满足施工要求,管线是否安装妥当等。

④天花板、活动地板是否敷设。
(2) 设备和器材质量的检查
设备和器材的数量、规格、质量是否能满足工程进度和质量要求。
(3) 安全措施检查
为保证施工人员安全，检查设备器材是否妥善存放。

2．工程验收中随工序进行的检查内容
(1) 信息插座检查
①信息插座标记是否齐全。
②信息插座的规格和型号是否符合设计要求。
③信息插座安装的位置是否符合设计要求。
④信息插座模块的端接是否符合要求。
⑤信息插座各种螺丝是否拧紧。
⑥如果屏蔽系统，则还要检查屏蔽层是否接地可靠。
(2) 楼内线缆的敷设检查
①线缆的规格、型号、长度是否符合设计要求。
②线缆的路由、位置敷设工艺是否达到要求。
③管槽内敷设的线缆容量是否符合要求。
(3) 管槽施工检查
①安装路由和位置是否符合设计要求，附件是否齐全配套。
②安装工艺是否符合要求。
③如果采用金属管，则要检查金属管是否可靠地接地。
④检查安装管槽时已破坏的建筑物局部区域是否已进行修补并达到原有的感观效果。
(4) 线缆端接检查
①信息插座的线缆端接是否符合要求。
②配线设备的模块端接是否符合要求。
③各类跳线规格及安装工艺是否符合要求。
④光纤插座安装是否符合工艺要求。
(5) 机柜和配线架的检查
①规格和型号是否符合设计要求。
②安装的位置是否符合要求。
③外观及相关标识是否齐全。
④各种螺丝是否拧紧。

⑤防震加固措施是否符合要求。
⑥接地连接是否可靠。

其中,有些工序在告一段落时,需要工程监理人员进行核查并签发隐蔽工程合格签证,如缆线暗敷等阶段。

3．工程验收中竣工检验的检查内容

(1) 系统测试的电气性能测试

①连接图是否正确。

②布线长度是否满足链路性能要求。

③衰减、近端串扰等性能指标是否符合要求。

(2) 系统测试的光纤特性测试

①单、多模光纤的规格、类型是否符合要求。

②衰减、回波损耗等是否符合标准。

(3) 接地检

系统接地是否符合要求。

(4) 工程验收

①设计文件和竣工技术资料是否齐全。

②工程施工质量考核,并评估工程质量等级。

③工程竣工验收包含整个工程质量和传输性能的验收。

④工程质量验收是通过到工程现场检查的方式来实施的,具体内容可以参照工程验收检查的内容。由于前面已进行了较详细的现场验收检查,因此该环节主要以抽检方式进行。

⑤传输性能的验收是通过标准测试仪器对工程所涉及的电缆和光缆的传输通道进行测试,以检查通道或链路是否符合标准的过程。由于测试之前,施工单位已自行对所有信息点的通道进行了完整的测试并提交了测试报告,因此该环节主要以抽检方式进行,一般可以抽查工程的 20% 的信息点进行测试。如果测试结果达不到要求,则要求工程所有信息点均需要整改并重新测试。

⑥作为施工方除在工程中要进行测试,还应该在工程竣工后,准备工程竣工技术文档,以备验收,具体应包含以下内容。

a. 设计和施工图纸。设计和施工图纸应包含网络结构文档(如拓扑图、配置图、IP 分配表等)、网络布线文档(如系统图、施工图、端口对应表、光纤配线表等)、网络系统文档(用户权限表、服务器文档、软件文档、设备文档等）以及施工中变更的图纸。

b. 设备材料清单。其主要包含综合布线各类设备的类型、数量，管槽等材料清单，工程领料单。

c. 安装技术记录。其包含施工过程中的验收记录和隐蔽工程合格签证。

d. 施工变更记录。其包含由设计单位、施工单位及用户单位一起协商确定的更改设计资料。

e. 施工过程记录。其包括施工进度日志、施工责任人员签到表、施工事故报告单、施工报停表。

f. 测试报告。测试报告是施工单位对已竣工的综合布线工程的测试结果记录。它包含楼内各个信息点通道的详细测试数据以及楼宇之间光缆通道的测试数据。

参考文献

[1] 黎连业.网络综合布线系统与施工技术[M].3版.北京：机械工业出版社，2007.

[2] 梁华，梁晨.建筑智能化系统工程设计手册[M].北京：中国建筑工业出版社，2003.

[3] 张永红，宋禹廷，张晓洲.光缆线路的维护与管理[M].北京：人民邮电出版社，2007.

[4] 邹衍.计算机网络综合布线系统设计[J].电子技术与软件工程，2018（9）.

[5] 马睿宏.浅析计算机网络综合布线系统设计[J].电脑知识与技术，2016（22）.

[6] 杨文福，王捷.探究计算机网络综合布线的合理性及系统设计[J].电子技术与软件工程，2016（2）.

[7] 张伟杰.分析计算机网络综合布线的合理性[J].计算机光盘软件与应用，2014（20）.

[8] 吴素全.《综合布线技术》课程改革探讨[J].电脑知识与技术，2010（29）.

[9] 蒋衍，李涛.关于综合布线技术在智能建筑物中的应用[J].居舍，2018（3）.

[10] 李晓波.综合布线技术在智能建筑物中的运用探究[J].山西建筑，2018（23）.

[11] 任征，孟杨辉.发展中的综合布线技术[J].科技经济市场，2006（6）.

[12] 孙珣.综合布线技术及其系统管理方法研究[J].城市建筑，2014（6）.

[13] 张项辉，陈风叶.综合布线技术的应用及实施探讨[J].中华民居（下旬刊），2013（8）.

[14] 俞雯.综合布线技术及其应用[J].同煤科技，2005（1）.

［15］袁伟伟.《综合布线技术》课程的创新与实践［J］.电脑知识与技术，2011（15）.

［16］李奇国，刘涛.综合布线技术与标准课程实践教学改革及探索［J］.企业科技与发展，2010（14）.

［17］中国移动通信集团设计院有限公司，中国建筑标准设计研究院，中国建筑设计研究院，等.综合布线系统工程设计规范：GB50311—2016［S］.北京：中国计划出版社，2016.

［18］中国移动通信集团设计院有限公司，中国建筑标准设计研究院，中国建筑设计研究院，等.综合布线系统工程验收规范：GB/T 50312—2016［S］.北京：中国计划出版社，2016.

［19］北京市建筑设计研究院，中国电子工程设计院，上海现代建筑设计（集团）有限公司，等.智能建筑设计标准：GB 50314—2015［S］.北京：中国计划出版社，2015.